气候变化背景下的天山山区同位素水文研究

孙从建　著

资助项目：
国家自然科学基金项目 (41901022)
支持"率先行动"中国博士后科学基金会与中国科学院联合资助优秀博士后项目 (2015LH048)
中国博士后科学基金项目 (2016M590989)
荒漠与绿洲生态国家重点实验室开放基金 (G2018-02-06)

科学出版社

北京

内 容 简 介

本书主要围绕天山山区典型内陆河流域气候变化特征以及在气候变化影响下天山山区同位素水文过程，详细分析天山山区典型内陆河流域不同水体的水化学特征、环境同位素时空分布特征及径流组分特征，为天山山区在气候变化下水资源的合理利用、优化配置以及社会经济的可持续发展提供理论依据和科技支撑。全书共 7 章，主要分为天山山区基本概况、天山山区气候变化特征、天山山区不同水体水化学特征、天山山区不同水体稳定同位素特征、天山山区内陆河流域径流组分特征等 5 部分内容。

本书可供与流域有关的各级地方政府决策参考，亦可作为气候、气象、水文水资源、地理科学、生态与环境、社会经济等领域的科研人员和有关高等院校师生的参考用书。

图书在版编目(CIP)数据

气候变化背景下的天山山区同位素水文研究 / 孙从建著. —北京：科学出版社，2022.11
 ISBN 978-7-03-062613-4

Ⅰ. ①气… Ⅱ. ①孙… Ⅲ. ①气候变化-关系-天山-山区-同位素地质-水文地质-研究 Ⅳ. ①P641

中国版本图书馆CIP数据核字(2019)第219403号

责任编辑：牛宇锋 周 炜 罗 娟 / 责任校对：任苗苗
责任印制：吴兆东 / 封面设计：陈 敬

科 学 出 版 社 出版
北京东黄城根北街 16 号
邮政编码：100717
http://www.sciencep.com
北京凌奇印刷有限责任公司 印刷
科学出版社发行 各地新华书店经销
*
2022 年 11 月第 一 版 开本：720×1000 1/16
2023 年 6 月第二次印刷 印张：13
字数：252 000
定价：108.00 元
(如有印装质量问题，我社负责调换)

前　言

　　天山地区山岳冰川广布、高山降水丰富，是我国西北地区多条内陆河流的发源地，该区水资源丰富，被誉为"中亚水塔"，为我国干旱区绿洲灌溉农业的发展、天山南北主要城市工业和城市建设等提供了水源保证。天山北坡的乌鲁木齐河、玛纳斯河作为乌鲁木齐、石河子等城市的主要水源供给已成为天山北坡经济带的重要水资源保障。天山南坡的阿克苏河、渭干河、开都河等是哺育塔里木盆地北缘诸绿洲的源泉。其中，开都河的径流资源对维系塔里木河下游生态平衡具有重要意义。因此，天山地区的河流水资源在保障"丝绸之路经济带"倡议的实施方面具有重要意义。由于天山地区野外环境恶劣，长期以来，基础研究开展较少，区域水循环机理及不同内陆河流域对气候变化的响应机制的研究尚处于探索阶段。因此迫切需要开展对天山地区典型内陆河流域系统的研究，探讨天山地区内陆河流域径流的形成过程以及径流的组分变化控制机制，为保护区域生态平衡、促进区域社会经济可持续发展、构建丝绸之路经济带体系奠定坚实的基础。

　　氢氧稳定同位素作为水文学中一种有力的诊断工具，已广泛应用于水文学、气候学、生态学等学科的研究中。近40年来，环境同位素与人工同位素在水汽来源、降水径流关系、干旱半干旱区水资源评价、地表水地下水转化、地下水起源及定年、湖水的蒸发量及换水周期、水体污染物来源、地热资源以及气候变化和人类活动对水循环的影响等研究领域的应用十分广泛。随着采样类型的不断丰富，稳定同位素研究已成为全球变化研究中的热点问题之一。自20世纪80年代开始，我国水文学家开始利用同位素技术研究流域水循环问题。近年来，随着同位素水文学的发展，环境同位素技术作为一种有效的工具在缺少观测资料的高寒内陆河流域中应用逐渐增多。应用径流分割模型可以定量地计算径流中冰雪融水、降水及地下水的比例，从而解读干旱内陆河流域的产流过程，这已经成为气候变化背景下高山地区水文过程研究的热点。

　　近年来，中亚天山作为高亚洲的重要组成部分，成为全球变化研究的热点区域。而天山山区气温在1998年之后的15年间一直处于高位振荡状态，同时降水也呈现微弱增加趋势。在这种气候变化影响下，作为干旱地区重要水源保障的天山山区，其不同水体中具有指示功能的环境同位素是否发生变化？河川径流过程及组分特征又发生了怎样的变化？这些问题亟待解决。因此，在全球变化的背景下，系统地开展天山山区不同水体的水环境同位素研究，定量地研究天山南北坡典型河流径流组分特征，确定不同时间尺度下高山冰雪融水、山区降水以及地下水对天山山区流域径流的贡献率，这将对认识区域水循环机理及水资源规划具有深远的意义。作者课题组经过 5 年的研究，取得了大量的研究成果，在此基础上撰写了本书。

本书的章节安排如下：第 1 章绪论，介绍本书研究背景，以及国内外研究现状及发展趋势。第 2 章研究区概况，分别从区位、自然地理概况、土地利用/土地覆被、水资源等方面全面介绍天山山区。第 3 章样品采集测试及研究方法，主要介绍本书所涉及的不同水体的常规采样方法、水体的测试方法及数学方法等。第 4 章天山山区气候变化特征，主要分析天山南坡、北坡、中部气温和降水的变化趋势及周期性变化特征。第 5 章天山山区不同水体水化学特征，主要介绍天山山区地表水、地下水、大气降水、冰雪融水的水体主要离子的时空分布特征、水化学类型、主要控制因素等。第 6 章天山山区不同水体稳定同位素特征，分别介绍降水、冰雪融水、地下水、地表水中的氢氧稳定同位素的时空变化规律及其影响因素。第 7 章天山山区内陆河流域径流组分特征，借助同位素径流分割模型详细地研究天山山区典型内陆河流域——阿克苏河、乌鲁木齐河、开都河流域以及昆仑山区的提孜那甫河流域的径流过程、径流组分特征，并评估不同河流对气候变化的响应。

感谢在本书撰写过程中给予帮助的新疆维吾尔自治区乌鲁木齐河流域管委会后峡水文站、开都河黄水沟水文站、阿克苏河流域管委会、喀什水文局等单位相关工作人员，感谢山西师范大学地理科学学院研究生张子宇、陈若霞、李伟、崔亚茹、杨洋、杨伟、侯慧新、郑振婧及本科生张文强在本书撰写过程中付出的辛勤劳动。

由于作者水平有限，书中难免存在不妥之处，欢迎广大读者不吝赐教。

目　　录

第1章 绪 论

1.1 研 究 背 景

过去 100 余年，尤其是近 30 余年以来，全球气候系统正经历一次以变暖为主要特征的显著变化过程。根据联合国政府间气候变化专门委员会(Intergovernmental Panel on Climate Change, IPCC)的第五次评估报告(IPCC, 2013)，过去 100 余年全球地表温度升高大约 0.74℃，20 世纪 90 年代开始，全球气候变暖的幅度明显增大。预计未来 100 年，全球气温可能会升高 1.1～6.4℃。全球气候系统的变化对于干旱高寒地区的影响尤为显著。水资源作为人类生产生活中必不可少的组成部分，是干旱内陆河流域生态系统构成、发展和稳定的重要环境因素，是干旱区绿洲化和荒漠化进程的生态演化过程中最重要的生态因子。研究表明，全球气候变化的背景下，水资源波动性增强、不确定性加大，水资源时空分配不均，南多北少、夏多冬少、年际变化大的现状导致干旱、洪涝及次生盐碱化等多种灾害频繁发生，极端水文事件增强(陈亚宁等, 2012)。干旱区生态环境的极端脆弱性及人类活动范围不断扩大和强度不断加强，使水资源开发过程中生态与经济的矛盾日益尖锐，水资源管理在协调生态环境保护和经济发展方面正面临着前所未有的挑战。而位于亚洲干旱区的高寒山区，其冰川、积雪、降水等水资源对于全球变化的响应尤为敏感；温度的上升、山区降雨的增加势必会导致冰雪融化量增加，从而引起山区内陆河出山口径流量变化，这将进一步威胁干旱区水资源的安全。

大量研究表明，天山地区近年来气候变化显著，水资源受影响显著。过去半个世纪，全球增温速率为 0.175℃/10a(Harris et al., 2014)，而中亚地区升温速率达 0.36～0.42℃/10a，明显高于全球或北半球同期平均增温速率，并且自 1998 年以来一直处于高位振荡(Li et al., 2015a)，其中以中天山、东天山地区温度升高最为显著。而这期间，西天山地区的降水量变化比较平稳，略有增加，升高速率为 8.4mm/10a，略高于全球和北半球平均水平(陈亚宁等, 2017)。受全球气候变暖影响，中亚山区呈现出固态降水的比例减少、多年冻土融化加速等(Deng et al., 2017)趋势；天山地区的水储量也呈现减少趋势。西天山地区内陆河流域径流主要来源于高山降水、冰雪融水、地下水的补给，在气候变暖的背景下山区降雪量、积雪面积、冰川储量都发生一定变化，造成冰雪融水、高山降水、地下水等水源对于高山径流的贡献率发生显著变化，引起流域径流组分(Sun et al., 2018, 2017, 2016a, 2016c)及水循环过程的相应改变(陈亚宁等, 2017; Deng et al., 2017; Chen et al., 2016)；这将进一步加剧中亚干旱区水资源的时空分配不均，从而威胁天山地区水安全。然而，在山区降水量不变甚至有所增加的情势下(Guo et al., 2015)，气温、降雪率、积雪面积、冰川储量的变化在区域水文循环过程中如何表征？气候变化背景下山区地表径流的组分来源特征及变化机理如何？这些都尚不明确。由于高寒山区缺乏较为完善的观测站点，传统的水文、气象学观测数据较少，现有的气象、水文数据难以全面表征气候变化背景下天山山区的水循环过程。而环境同位素技术的出现为数据资料匮乏地区的水循环研究提供了有效手段。

20世纪50年代，水文学和水循环研究进行了一次革命性的变革，以应对水危机和环境危机以及全球气候变暖(刘昌明, 2011)。变革带来两个极端的改变：一方面，从流域水循环延伸为联系海洋—大气—陆面的水文学，在宏观上发展为全球尺度水文学，引入了遥感技术；另一方面，由于面临更多更复杂的现代水问题，需要洞察水循环过程及发生机制，于是需要进入系统内部，从而可在时程上联系地质时期，在空间上甚至可识别是否有地壳和地幔对水圈的贡献，这就促成了微观尺度上、原子核层面同位素水文学(isotope hydrology)的诞生(刘昌明, 2011)。氢氧稳定同位素作为一种有力的诊断工具，已在不同的介质中进行提取并广泛应用于水文学、气候学、生态学等学科的研究中(Vodila et al., 2011; Kumar et al., 2010)，如利用河水、湖水及地下水中的氢氧同位素信息研究流域内不同水体的内循环机制以及地表径流组成(赵良菊等, 2011)、确定鸟类的迁徙模式、监测农作物长势，利用洞穴堆积物和树木年轮(Kress et al., 2010)及冰芯中的同位素数据进行古气候重建等。随着采样类型的不断丰富，稳定同位素研究已成为全球气候变化研究中的热点问题之一(Worden et al., 2007)。

水资源是人类赖以生存和发展的基本物质之一，也是关系国家发展的基础性自然资源和战略性经济资源。水资源的供需矛盾在干旱半干旱地区表现得尤为突出。全球有近1/3的陆地面积是干旱半干旱区域，这些地区水资源短缺问题已经成为普遍问题，随着人口的增长以及城市规模的不断发展，未来干旱半干旱地区的水资源压力将会越来越严重。高寒山区作为干旱区重要的水源保障和水资源形成区，对干旱内陆河流域生态系统构成、发展和稳定具有重要意义。近年来，伴随耕地规模的迅速发展以及人口的大幅度增加，水资源越来越紧张，干旱区水资源供需矛盾在未来会变得更加突出和尖锐。天山地区山岳冰川广布、高山降水丰富，是我国西北地区多条内陆河流的发源地，水资源丰富，被誉为"中亚水塔"，为我国干旱区绿洲灌溉农业的发展、天山南北主要城市的工业和城市建设等提供水源保证。天山北坡的乌鲁木齐河、玛纳斯河作为乌鲁木齐、石河子等城市的主要水源供给已成为天山北坡经济带重要的水资源保障。南坡的阿克苏河、渭干河、开都河是哺育塔里木盆地北缘诸绿洲的源泉。其中，开都河的径流资源更是对维系塔里木河下游生态平衡具有重要意义。因此，天山地区的水资源在保障"丝绸之路经济带"倡议的实施方面具有重要意义。

由于天山地区野外环境恶劣，长期以来，基础研究开展较少，水文及气象观测资料较为匮乏，区域水循环机理及不同内陆河流域对气候变化的响应机制的研究尚处于探索阶段，蕴含大量水循环信息的水体化学及水体同位素研究方兴未艾，目前针对天山山区流域的水体化学特征、同位素水文示踪、径流组分特征的研究十分匮乏，其源流中不同水源对于径流的补给贡献率仍未可知。因此，迫切需要开展对天山地区典型内陆河流域系统的研究，揭示天山山区水体化学、稳定同位素的空间分布特征及其蕴含的水循环信息，探讨天山地区内陆河流域径流的形成过程以及径流的组分变化控制机制，为保护区域生态平衡，促进区域社会经济可持续发展，构建丝绸之路经济带体系奠定坚实的基础。

1.2　国内外研究现状及发展趋势

自然界中原子的原子核是由质子和中子构成的。质子数决定了元素的种类，中子数决定了元素的同位素。中子在原子核中的变化受原子核稳定程度的限制，中子太多或太少都会使稳定性降低。不稳定的同位素或放射性原子核具有衰减的性质，而稳定同位素则不会按照已知的衰减模式自然分解。自然界中几乎所有元素都具有同位素，其中在自然条件下产生的 C、H、O、N、S 等元素的同位素，称为环境同位素。与之对应的是人工释放的同位素。同位素水循环过程中的研究对象是水，水是由氢和氧两种元素组成的，而氢和氧有各自的同位素。组成水分子的氢、氧同位素，氢同位素有 ^1H(氕或者 H)、^2H(氘或者 D)、^3H(氚或者 T)，氧同位素则有 ^{16}O、^{17}O 和 ^{18}O。氧同位素在水中的丰度相应为 99.76%、0.04% 和 0.20%。理论上可组成 18 种不同同位素的水分子(表 1.1)。

自然界中重水 $^2H_2^{16}O$ 的相对分子质量为 20，而普通水 $^1H_2^{16}O$ 的相对分子质量只有 18。相对分子质量不同的分子，其分子反应速率不尽相同。这就导致同位素的分离或者分馏。稳定环境同位素测量同一元素两种丰度最大的同位素比，如氧同位素所测量的是丰度为 0.204% 的 ^{18}O 与丰度为 99.796% 的 ^{16}O 的比值。$^{18}O/^{16}O$ 的比值大约为 0.00204。分馏过程使含氧化合物中的这个比值发生微小改变，但仅限于小数点后第五位和第六位。

表 1.1　水同位素分子表

同位素组成	^{16}O	^{17}O	^{18}O
HH	$H^{16}OH$	$H^{17}OH$	$H^{18}OH$
HD	$H^{16}OD$	$H^{17}OD$	$H^{18}OD$
DD	$D^{16}OD$	$D^{17}OD$	$D^{18}OD$
HT	$H^{16}OT$	$H^{17}OT$	$H^{18}OT$
DT	$D^{16}OT$	$D^{17}OT$	$D^{18}OT$
TT	$T^{16}OT$	$T^{17}OT$	$T^{18}OT$

同位素组成是指物质中某一元素的各种同位素的相对含量，通常以同位素丰度、同位素比值(R)和千分偏差值(δ)来表示。自然界水体中稳定同位素的变化很小，因此水体中的同位素组成通常选用 δ 表示。

$$\delta_{样品}(‰) = \frac{R_{样品} - R_{标准}}{R_{标准}} \times 1000 \qquad (1.1)$$

式中，$R_{样品}$ 和 $R_{标准}$ 分别为样品和标准样中同位素成分的相对含量，即一种元素稀有的同位素与富集的同位素丰度的比值。

1.2.1　同位素与同位素水文学

日益严重的世界性水资源短缺和水环境危机，促使水文学从水分子层面深化进入原子核层面，以应对诸多现代水问题。同位素与同位素水文学的发展经历了如下时期(顾慰祖等，2011)。

1)同位素的发现

1898 年居里夫人和皮埃尔·居里发现了新的元素钋和镭，同年居里夫人首次提出了元素具有"放射性"这一概念。1910 年，英国物理学家索迪提出在元素周期表中特定的元素可以容纳一种以上的原子，并将此定义为元素的"同位素"。此后不同的元素同位素被相继发现，并被更为精密的质谱仪检测到。

2)放射性同位素应用时期

同位素具有不同的衰变周期，其首先被核科学家用于探索水循环过程。1922年爱尔兰的科学家 Joly 提出了基于放射性同位素的衰变周期测定自然河流流量的设想。此后又有科学家将放射性同位素应用于石油开采过程中的土层定年之中。20 世纪 50 年代，中子法开始应用于测定土壤水分空间分布特征，此后基于放射性同位素的地下水运动研究开始兴起。

3)环境同位素应用时期

随着测试技术的不断提升，高精度的质谱仪使得人们可以获得更为精准的同位素含量。从 20 世纪 50 年代开始，随着对于天然水体中氢氧稳定同位素测试精度的突破，稳定同位素的分馏机制逐渐被认识，并开始应用于探究环境问题、水循环过程等，这极大地推动了同位素水文学的发展。此后随着 ^{14}C 定年法在古气候研究中的广泛推广，以及氚定年技术的突破，环境同位素应用得到了极大的推广。

4) 同位素水文学的形成

20 世纪 50 年代，对天然水中稳定同位素的研究有了一系列的突破，随着同位素统一的定义、国际统一的参照标准、分馏机制的认识提升、全球大气降水线 (global meteoric water line, GMWL) 的提出等一系列重要研究的出现，同位素水文学正式形成。1963 年开始，国际原子能机构 (International Atomic Energy Agency, IAEA) 先后举办了多期针对同位素水文学研究的研讨会，极大地推动了同位素水文学的发展。

1.2.2　国外研究现状及发展趋势

从 20 世纪 50 年代末提出"同位素水文学"这一术语至今，同位素水文学作为一门独立的学科已经有了长足的发展，其研究及应用领域不断扩大。目前，同位素水文学理论已经广泛应用于水文、水资源及环境地质等诸多领域，同位素水文学各种研究方法也在不断地趋于成熟。近年来，环境同位素与人工同位素在水汽来源、降水径流关系、干旱半干旱区的水资源评价、地表水与地下水相互作用、地下水起源及测年、湖泊蒸发量及换水周期、水体污染物的来源、地热资源以及气候变化和人类活动对水循环的影响等研究领域应用十分广泛。同位素方法引入水文学之后，从一个独立的研究方向，即同位素在水文学中的应用或水文核技术，逐步发展为同位素水文学学科。应用稳定同位素进行水循环的研究主要集中在降水组分及水汽来源、地表水同位素特征及时空分布特征、降水径流过程、地表径流过程及径流组分、地下水与地表水相互关系、水体的循环尺度和平均驻留时间以及基于稳定同位素的流域蒸发估算等。

稳定同位素示踪技术是当前应用于径流组分特征研究最有效的方法之一。由 IAEA 发起的"大江大河流域水文过程同位素示踪"计划引起了世界上很多国家的重视与支持，世界上许多著名的河流加入了这一监测计划。然而，整个中亚地区开展的河流同位素研究很少。流量过程线分割是水文学的一个基本问题，主要研究径流组成及其组分比例。干旱区内陆河流域水流的水源成分十分复杂，尤其是土壤中水流向出口断面外渗的运动，其信息全部反映在流域出口断面的流量过程线中；此外，干旱区的暴雨以及大规模的冰雪融水都增加了流量过程线分割的难度，使得不同的水源难以区分。同位素流量过程线分割方法，是具有物理基础的一种流量分割方法，其避免了斜线分割法的缺陷，对于研究土壤中水分运移过程、分析流域不同水源的组成比例、追踪研究流域内径流的形成过程以及降水与径流的关系等有重要作用。在过去的 20 年间，各国水文学家采用同位素示踪法对于不同流域的径流水源组成进行了研究，取得了一系列成果。Bazemore 等（1994）利用三水源同位素径流分割模型对谢南多厄国家公园（Shenandoah National Park）小森林流域的洪水进行划分，将地表径流定量地分割为三种不同的具有物理基础的水源。Brown 等（1999）同样利用三水源同位素径流分割模型研究了内弗辛克河（Neversink River）夏季洪水事件中洪水对径流的影响。Lee 等（2001）对于印第安纳州中南部特有的喀斯特地形区的径流组分进行了研究，基于四水源径流分割模型将该地区的径流划分为降水、土壤水、喀斯特水和地下水。所有这些方法主要是基于物质平衡和同位素浓度平衡方程而提出的。流域中同位素的时空分布变化规律与流域内地表水、地下水及降水的相互转化过程引起了人们广泛关注和重视。例如，Krabbenhof 等（1990）运用地下水与地表水间的同位素和水化学的特征差异，定量研究了地表水和地下水之间的相互转换。Harrington 等（1999）研究了澳大利亚中部地区地下水补给的空间和时间分布，定量研究了地下水的演化过程。Weyhenmeyer 等（2002）运用降水稳定同位素的高程效应，研究了主要补给面积和地下水流的汇流路径并评价了不同高程的补给比例。Zajíček 等（2014）研究了河流水的同位素演化，阐明了降水与径流间的相互转化机理。

降水稳定同位素由氢同位素（^1H 和 $^2H(D)$）和氧同位素（^{16}O、^{17}O、^{18}O）组成。氢氧同位素异于水体中溶解的其他同位素，其本身就是水分子的组成部分，具有示踪水分子本身运动的功能，因此在水循环及水文过程的研究中具有无可替代的重要作用。

大气降水的环境同位素研究始于 20 世纪 50 年代，Dansgaard（1964）和 Craig（1961）最早进行了天然水体中的氢氧稳定同位素组成的研究。而英国和美国分别于 1952 年和 1958 年开始进行降水中的氚实验（Craig, 1961）。IAEA 与世界气象组织（World Meteorological Organization, WMO）合作，建立了包括世界上大约 150 个气象站在内的全球降水同位素站网（global network of isotopes in precipitation, GNIP）。GNIP 可以为研究全球尺度下降水中环境同位素的时空变化规律提供基本资料，并且通过环境同位素揭示水循环特征，可以为世界各地解决区域性水资源及水环境问题提供依据。降水中 ^2H 和 ^{18}O 的量化，是使用质谱仪检测同位素比 $^2H/^1H$ 和 $^{18}O/^{16}O$，以相对于维也纳标准平均海水（VSMOW）的千分偏差，即 $\delta^{18}O$ 和 δ^2H 来表示。

降水中氢氧同位素间的相互关系及其各种效应作为同位素水文学的基本原理之一，国外学者开展了大量研究。Craig（1961）在全球不同位置采集河水、湖水、降水和雪水的水样，拟合出全球降水中氢氧同位素的线性关系：$\delta^2H=8\delta^{18}O+10$。这一发现表明自然水体中的氢氧同位素是有规律可循的。Rozanski 等(1992)根据 IAEA 对全球各地 30 年的降水同位素观测的数据,在肯定了 Craig 研究发现的基础上重新修订了 GMWL 方程,即 $\delta^2 H=(8.20\pm0.07)\delta^{18}O+(11.27\pm0.65)$。全球大气降水线为水同位素研究提供了一个基准线,成为分析不同水体中同位素分馏的基础。在研究某一地区的水同位素特征时,一般以本地降水线(地区大气降水线(local meteoric water line,LMWL))作为基准,其斜率和截距与全球大气降水线差别不大。本地的气象条件,如降水成因、温度与湿度等是影响本地降水线的主要因素。Dansgaard(1964)最早分析了降水同位素与温度、纬度、高度、降水量和距海远近的关系,后来分别定义为降水同位素的不同效应。温度效应:温度与降水同位素成正比,$\delta^{18}O$ 温度递减率为 0.338‰VSMOW/℃。纬度效应:表现在随着纬度的升高,$\delta^{18}O$($\delta^2 H$)趋于低值,梯度在不同地区表现出不同。高程效应:随着海拔的升高,水同位素表现为越来越贫化。全球的高程效应大致为高度每增加 100m,$\delta^{18}O$ 变化为–0.5‰VSMOW～–0.15‰VSMOW。降水量效应:表现为降水量越大,水同位素表现得越贫化。大陆效应:表现为沿海地区降水同位素富集,内陆地区的降水同位素贫化(Sun et al,2016b)。研究人员对以上同位素效应开展了大规模的研究,使得这些同位素效应与氢氧同位素一起成为示踪大气水-降水-地表水-地下水相互转化与全球气候变化的定性和定量指标。

1.2.3　国内研究现状及发展趋势

我国在运用同位素技术研究区域水循环过程中,主要的研究内容包含降水径流关系、地表水与地下水的相互转化规律等,稳定同位素技术为这些研究提供了较为便捷的方法。近些年随着全球气候变化的加剧,我国对降水和水汽来源的研究力度加大。影响降水同位素的因素较少,其分馏过程(水汽凝结、水汽蒸发、冰的升华、大气示踪及大气的再循环)可以准确地量化,因此应用水同位素作为水汽来源的示踪剂研究降水过程成为当前国内外研究的热点,但是针对干旱区的研究较少。目前,我国已经有 31 个 GNIP 站点。根据对我国 GNIP 降水同位素开展的系统研究(Wang et al.,2011;Johnson et al.,2004)认识到,水汽来源对我国降水同位素特征有着明显的影响;温度效应在我国北方体现得更加明显;我国南方降水量效应比较明显;我国西北地区降水的同位素效应更为复杂,水汽来源多样(Pang et al.,2011)。由于 GNIP 站点数量与数据的限制,在具体到某一流域或者某一地理单元时,GNIP 数据并不能提供足够完整的信息。因此,近 20 年来,不同学者在各自的领域或者研究区内采集了大量降水样品,同位素数据得以丰富。Johnson 等(2004)分析了 GNIP 中国站的数据,绘制了降水同位素时空变化规律图,同时分析了降水中同位素浓度与温度、降水量等参数的关系。Tian 等(2007)利用同位素技术研究了整个中国西部的水汽来源及降水中同位素的空间变化特征,同时根据青藏高原降水同位素和氘盈余(deuterium excess, d-excess)的变化,界定出印度洋水汽影响我国西部的北界为35°N附近,并非前人所认识的青藏高原南部(Winkler et al., 1993)。赵良菊等(2011)通过对黑河源区不同水体$\delta^{18}O$ 与 δ^2H 比率的测定及氘盈余的计算,发现黑河源区降水具有固定的水汽来源,该地区的夏季降水主要来源于西风输送,冬季降水除西风控制外还受极地气团的影响。同时,黑河源区不同水体的内循环特征非常明显。Pang 等(2011)研究了西北干旱区主要的降水过程,提出在西北干旱区降水过程存在绝热冷却、水分再循环和云下蒸发三种过程,温度是控制这三种过程的主要因素。吴军年等(2011)利用 GNIP 张掖站的大气降水环境同位素数据,分析了张掖大气降水中$\delta^{18}O$ 的变化规律,通过分析其与气温和降水之间的关系,发现$\delta^{18}O$ 月加权平均值表现出很好的温度效应,且与降水呈正相关关系。通过对水汽来源的分析发现,张掖市全年以西风带大陆性水汽为主,春夏季还受海洋性水汽的影响,夏季也受局地蒸发性水汽的影响。李小飞等(2012)根据 IAEA 乌鲁木齐站、张掖站、和田站的降水稳定同位素观测数据结合混合单粒子拉格朗日积分轨迹模型(hybrid single particle Lagrangian integrated trajectory model,HYSPLIT4.9)对水汽来源进行了再分析,指出中国西北地区主要受西风带输送的大西洋水汽及极地北冰洋地区水汽的影响。降水中的稳定同位素是研究水文和气象过程的重要工具。Kong 等(2013)利用氘盈余参数研究干旱区的水汽再循环现象,定量计算了降水中来自水汽再循环的比例。Sun 等(2016a, 2016b, 2016c, 2016d)基于长期的降水同位素观测,研究了天山西部降水的同位素时空变化规律和水汽来源。目前,中国西部降水的同位素时空特征研究主要依据 GNIP 中国西部的几个站点,由于站点取样年代大多集中于 20 世纪 90 年代,已不能反映现代气候条件下的降水同位素特征,因此缺少现实意义,需要开展大规模的长期降水采样分析。

同位素数据观测网络的建立,构成了同位素水文学研究的数据基础,亦是科研创新的源泉。当前,国内学者在高寒内陆地区同位素数据积累方面付出了很多努力,布设收集了很多的降水、地表水、地下水、冰雪融水等同位素样品(Sun et al., 2018, 2017, 2016a, 2016c, 2016d; Zhang et al., 2016; Wang et al., 2016a, 2016b, 2016c),但是仍然缺乏对于科研项目和观测网络数据的及时发布与共享。新技术的引入,如激光同位素技术不仅降低了测试成本,还大大提高了测试效率,并实现了连续在线测试,为同位素水文学及山区径流组分的研究带来了革命的动力。然而,目前已有的研究中,仍然有诸多薄弱环节。

(1)中国西北部干旱半干旱地区缺乏降水、河流同位素的研究。目前整个西北地区仅有三个 GNIP 站点,并没有常设的全球河水同位素观测站网(global network of isotopes in rivers,GNIR),相对于其陆地面积,存在巨大的 GNIP 和 GNIR 站点空白区域,为了准确认知全国降水、河水同位素分布格局,需要补充采样点。

同时已有的三个西北地区站点的数据大多采集于 20 世纪 90 年代,时间相对久远。已有的研究缺少一个对新增数据的系统性分析,新增加的数据与已有的数据形成了一个时间序列。有必要开展时序分析,从中获得更多的信息。

(2)区域径流组分的定性研究居多,定量研究不足,同位素径流分割模型的建立仍处于探索阶段,配合环境同位素的模型输入参数仍需进一步筛选确定。

(3)天山山区径流组分研究依旧处于发展阶段,已开展的研究基本应用于传统的图像法或空间滤波法,而对于缺少观测资料的山区,径流组分的研究很难开展;另外,少数基于同位素技术的山区径流组分研究也多局限于单一小流域的单次采样或短时间尺度,而没有考虑不同时间空间尺度对径流组分的影响,造成数据分析难度大,误差较大。同时山区径流组分差异的控制机制尚未清楚,这些都不利于区域水循环及气候变化的研究。

第 2 章　研究区概况

2.1　总体地理概况

天山山系西起乌兹别克斯坦的克孜勒库姆沙漠以东,经哈萨克斯坦和吉尔吉斯斯坦,进入我国新疆境内,逐渐消失于新疆东部哈密市以东的戈壁中,是亚洲中部最大的山系。东西长约 2500km,南北平均宽度范围为 250～350km,其中位于帕米尔以北的天山山体最宽,可达 800km 以上。作为一个完整的自然地理体系,天山山系的演变历史、现代自然资源、生态系统和环境以及它与人类生产生活的关系,都具有显著的地域性。东天山面积涉及新疆维吾尔自治区全境,西边与吉尔吉斯斯坦接壤,东至哈密市的星星峡戈壁,东西长达 1700km。我国境内的天山占天山总长度的 3/4 以上。天山的平均海拔约为 4000m,将新疆分成南北两半,高出北面的准噶尔盆地约 3000m,高出南面的塔里木盆地约 3500m。天山山地有许多座 6000m 以上的山峰,最高峰托木尔峰(7435.3m)分布在我国新疆境内的温宿县。

2.1.1　地质构造

天山山系构成一条大型地质构造带。它西起咸海之滨图兰平原,东端渐没在中蒙边境的千里戈壁。从 65°E 以西,向东一直至 95°E 以东,呈现掌状,延绵 3000 多千米。在纬度分布上,其主要分布于 40°N～45°N,处于哈萨克斯坦巴尔喀什湖至中国新疆喀什一带,山体最宽 820km 左右。在漫长的地质历史时期,地壳运动引起沧桑巨变,基岩断裂、岩浆贯入、火山喷发、巨厚地层褶皱、地壳增厚。天山的地壳厚度在靠近帕米尔的南部天山超过 65km,几乎为一般大陆地壳厚度的两倍。经过亿万年发展演化的天山,大陆碰撞以后,新构造活动尤为强烈,成为世人瞩目的一条大陆内部强震构造带。天山的"结晶基底"是前寒武纪建造,也是天山山系出露的最古老的建造,为片麻岩相和角闪岩相的变质杂岩,其地质年龄约 30 亿年。早古生代建造为加里东建造,为早寒武纪、早奥陶纪及中奥陶纪的辉长岩—橄榄岩建造。海西建造是晚古生系建造,是天山分布最为广泛的建造,主要分布于塔吉克斯坦首都杜尚别以北,以乌兹别克斯坦首都塔什干为中心,向东一直延续到乌鲁木齐以东的东天山地区。印支—燕山建造是中生代建造,主要分布于天山山系各山脉间的山间盆地,以含煤建造为主,如伊犁盆地的含煤建造。喜马拉雅建造是第三纪建造,以托云盆地和库车山前凹陷的第三纪膏泥建造为典型代表。西域建造主要是第四纪早更新世磨拉石建造,在塔什干以西、巴尔喀什湖以南以及南、北天山山前一带分布较为广泛,显示了天山在早更新世迅速崛起的特征。

2.1.2 地貌特征

天山山系最显著的地貌特征为:在纬向上为阶梯状山地,在经向上为三条规模很大的山链,即北天山、中天山、南天山[①](中国科学院新疆综合考察队, 1978)。山链间镶嵌着许多山间盆地或谷地,以西天山最为典型。

天山山系地貌格局的形成是漫长地质年代地壳活动的结果。天山山体的演化过程主要分为三个阶段。第一阶段是古天山的孕育及褶皱隆起,大致从震旦纪到二叠纪末,包括天山地区的海域沉积及其全面褶皱隆起。第二阶段是古天山的剥蚀与夷平,从三叠纪初到早第三纪末,由褶皱隆起山地经过剥蚀夷平作用成为准平原。第三阶段是现代天山的断块隆升,从晚第三纪到第四纪,经过内营力剧烈的地壳变动以及众多的外营力作用,形成现代天山山体形态。众所周知,天山山体的形成都是内营力与外营力相互作用的过程,相对而言,第一阶段内营力占优势,第二阶段外营力占上风,第三阶段又以内营力为主导(中国科学院新疆地理研究所, 1986)。

从天山地区地貌发育历史来看,前寒武纪相当一段时间,内营力占主导地位,地表出现差异升降。寒武纪至二叠纪初,内营力较弱,外营力作用较强,地形起伏和缓,海侵强烈。二叠纪末,内营力再度活跃,地表差异升降强烈,形成了与两侧较低的盆地差异显著的高大古天山。三叠纪至早第三纪,内外营力虽反复抗衡,但总体上外营力活动占据优势,地表被剥蚀夷平,出现准平原。上新世以来的新构造运动,为内营力强烈作用的表现,导致天山抬升到巨大的高度,随着地形差异的加剧,外营力活动也很强烈,山前凹陷和山间盆地中很厚的沉积层便是外营力剥蚀搬运的结果。

2.1.3 气候特征

由于天山四面环山,处于亚欧大陆内部,南为青藏高原,西是帕米尔高原,北有阿尔泰山,这种地形直接对天山地区的大气环流产生一定影响。例如,冬季西风急流特别强大,且有分支现象;夏季青藏副热带高压系统极其发达,使其高原北部的纬向环流强大。副热带锋区位于 $40°N$ 天山附近,形成天山夏季的雨区。

---

① 本书研究选取的天山仅指我国境内的天山(简称天山),因此除总体介绍天山外,所述天山均指我国境内的天山。为了进一步体现空间差异,将我国天山划分为天山东部(又称东天山)、西部(又称西天山)、中部(又称中天山)、北部(又称北天山)、南部(又称南天山)。东天山包括吐鲁番、哈密等地;西天山包括伊犁河谷;中天山位于乌鲁木齐流域以南;北天山位于准噶尔盆地南缘;南天山以南为塔里木盆地。

在冬季，整个亚洲大陆由蒙古高压控制，蒙古高压势力强大，局地环流的影响已被强大高压所掩盖，地面盛行风以东风和东北风为主，严寒，晴朗，无风或微风。在天山南麓，蒙古高压势力微弱，冷空气没有天山北坡强大，因此南坡温度高，积雪少，与北坡形成鲜明对照。控制天山南北冬季气候变化的因子主要是蒙古高压势力的强弱和消长，以及位置的移动。若高压中心北退减弱，则天山南麓为暖冬；若高压中心加强并南移，则造成天山南麓冬寒。从 4 月起，蒙古高压不仅已经大大减弱，而且控制范围已大大缩小。7 月，蒙古高压在天山完全消失，取而代之的是副热带大陆热低压北上，控制天山南北，亚洲腹地气压场与冬季完全相反。天山南北和整个新疆夏季气候变化的主要因子是热低压的消长和进退，当热低压北上时，天山北坡和准噶尔盆地变为干热的夏季；当热低压减弱南缩时，天山南北温度下降，夏季偏凉。10 月，副热带大陆热低压明显衰退南下，由新疆西南后撤，天山南北与新疆已不在它的影响范围内，而中纬度的蒙古高压开始活跃。10 月的气压场已经具备冬季的雏形，表示新疆天气气候将过渡到冬季。

　　天山高低悬殊，因此气温变化很大。天山垂直气候带划分为寒带、亚寒带、寒温带、温带、暖温带，这些气候带形成了不同的自然景观，并有不同的植被和土壤。天山山区年均温等值线不仅沿着天山山体走向分布，而且分为东西两个气温等值线体系。天山西部地形复杂宽阔，年气温等值线随着地形的变化而复杂化，东部地形简单而狭窄，气温等值线随着地形的变化而较稀疏。天山南北坡随着海拔的增高，气温等值线十分密集，这表明天山南北坡年气温梯度变化很大，海拔越高，等值线密集程度越大。

　　天山山区的水汽来源主要有两个方面：一为西风气流携带大西洋水汽由西而东输入，受西风气流的影响，天山西部的降水多于天山东部。二是来自北冰洋的水汽，由准噶尔西部山地缺口进入天山。天山年降水分布极不均匀，有降水量为 6.9mm 的极端干旱区，也有降水量在 1000mm 以上的湿润区，其大致分布规律为：天山北坡多于南坡，西面多于东面，山区高于平原，迎风坡大于背风坡，一般中高山地区降水量最大，盆地为少雨区。

2.1.4　土壤特征

　　天山北坡的土壤垂直带谱结构完整，表现为：山地灰棕漠土(西部和东部)→山地棕钙土→山地栗钙土→山地黑钙土→山地灰褐土→亚高山草甸土→高山草甸土→高山原始土壤带。天山南坡的土壤垂直带谱结构为：山地棕漠土→山地棕钙土→山地栗钙土和局部北坡灰褐土→高山草甸土→高山原始土壤带，缺失山地黑钙土带。

　　天山受不同自然成土因素及其不同组合的支配，以不同发生层为主的土壤形态特征和理化特性，是相关成土作用的具体表现。根据成土过程中物质、能量的交换、迁移、转化和积累的特点，以及与土壤研究的密切关系，可归纳为以下几种主要的成土过程：

(1)原始成土过程。指开始具有肥力萌芽的土壤形成过程，一般指土壤发生和发育处于最初阶段。天山的原始成土过程分为以下三个时期：岩面微生物的定居与岩漆的形成→岩生植物地衣的着生与演变及薄层风化壳的形成→苔藓植物的定居和具肥细土层的形成与发展，进而出现了高等植物。

(2)有机质积累及腐殖化。有机质积累及腐殖化过程是指在各种生物的作用下，将以植物残体为主的有机质，在土体中分解积累的过程。有机质的合成、分解、积累，还受到大气水热条件及其他成土因素综合作用的影响。

(3)荒漠化过程。荒漠化过程指土地滋生生物潜力的削弱和存在破坏，最后导致类似荒漠的情况。占据天山垂直带基带的荒漠土壤和半荒漠土壤，都是干旱气候条件的产物。其特征为干旱，植被稀少，水溶性物质和碳酸钙表聚，多为粗骨性薄层土。

2.2　土地利用/土地覆被变化特征

土地利用是指对土地的使用状况，是人类根据土地的自然特点，按照一定的经济、社会目的，采取一系列生物、技术手段，对土地进行长期或周期性的经营管理和治理改造活动(梁长秀, 2009)；土地覆被是指自然营造物和人工建筑物所覆盖的地表诸要素的综合体，包括地表植被、土壤、冰川、湖泊、沼泽、湿地及各种建筑物(梁长秀, 2009)。

自从遥感技术广泛应用于地学研究之后，土地利用/土地覆被变化的研究取得了实质性的进展，不同的计算方法得以发明，其中土地利用/土地覆被遥感计算机分类方法包括基于统计方法的分类法、人工神经网络分类法和地理基础知识支持下的遥感分类方法等。其中基于统计的土地利用/土地覆被的遥感分类方法较为成熟，并且得到了广泛使用。训练样本的类别作为分类中的先验信息，根据分类前是否有训练样本可以划分成监督分类和非监督分类。

本书所采用的数据主要是覆盖中天山的遥感影像数据，其中 1998 年、2006年为 Landsat 卫星专题制图仪(thematic mapper，TM)传感器数据，以及 2014 年为 Landsat-8 陆地成像仪(operational land imager，OLI)数据，空间分辨率为 30m，三期数据均是从地理空间数据云下载得到的。所涉数据的遥感卫星轨道行列号分别是 144/030、145/030、146/030。

对所下载数据进行预处理，将三期影像镶嵌，按照共同范围裁剪后，由于部分影像含云量较大，且未找到其替代图形，所以还对其做了除云处理，之后按照不同波段组合区分不同地物，绘制了研究区感兴趣区(regions of interest, ROI)，共四类：冰川、植被、裸地、河流，每类 ROI 的数量保持在 150～230，并对 ROI 进行了可分离度计算，保证不同类地物的可分离度均在 1.9 以上。

2.2.1　中天山土地利用/土地覆被变化

对研究区 1998 年、2006 年、2014 年三期遥感影像执行监督分类，并评估其精度后，导入 ArcGIS 软件统计其每一类别所占比例(表 2.1)。

表 2.1　中天山山区不同土地利用类型面积

地物类别	土地面积 (1998 年)/km²	百分比/% (占总面积)	土地面积 (2006 年)/km²	百分比/% (占总面积)	土地面积 (2014 年)/km²	百分比/% (占总面积)
冰川	4484612	5.30	3723179	4.40	6196846	7.32
河流	393472	0.46	461101	0.55	519448	0.61
植被	37712110	44.57	38787626	45.84	50521093	59.66
裸地	42029989	49.67	41642224	49.21	27445085	32.41

根据表 2.1 和图 2.1 的结果可得出以下基本特征：

(1)1998 年和 2006 年中天山土地利用类型以裸地为主，占总面积比例分别为 49.67%和 49.21%，且主要分布于伊犁河谷两岸、中天山南麓地区以及开都河右岸区域。2014 年裸地所占比例为 32.41%，裸地面积比例有明显的下降趋势，下降达到约 17 个百分点，且从图 2.1 可看出开都河右岸裸地大幅度减少，生态环境得到显著改善，中天山南麓的裸地也得到明显的改善，但伊犁河谷地区的裸地改善并不明显，甚至出现裸地扩张的情况。

(2)1998 年和 2006 年植被占总面积比例分别为 44.57%和 45.84%，有小幅上升趋势，其比例仅次于裸地，2014 年植被面积所占比例达到 59.66%，超越裸地所占比例，成为最主要的土地利用类型。从 2006 年到 2014 年植被面积迅速增加，增幅达到约 14 个百分点，这与中天山裸地面积减少趋势基本一致，且植被增加区域多分布于开都河右岸区域。

(3)1998～2014 年，冰川面积整体呈现先减少后增加的趋势，且增加趋势大于下降趋势，但其占总面积比例并不大，最大时仅 7.32%。1998 年冰川主要分布在开都河以北的天山部分和汗腾格里峰附近的中天山区域；到 2006 年，汗腾格里峰附近的冰川大面积减损，相反，库车河附近冰川有所增加；2014 年开都河以北的天山区和汗腾格里峰附近冰川均有明显增加，但库车河附近冰川有明显减少；但总体来说，2006～2014 年冰川增加的幅度要大于 1998～2006 年冰川减少的幅度。

　　(4)中天山地区河流占总面积比例很小,最大时是 2014 年的 0.61%,但在这期间中天山河流面积呈现稳步增长的趋势。2006 年时中天山地区出现数处冰川湖,到 2014 年冰川湖数量有所增加,其中有两处较大的冰川湖位于伊犁哈萨克自治州喀拉达拉牧场和尼勒克县乌拉斯台镇。

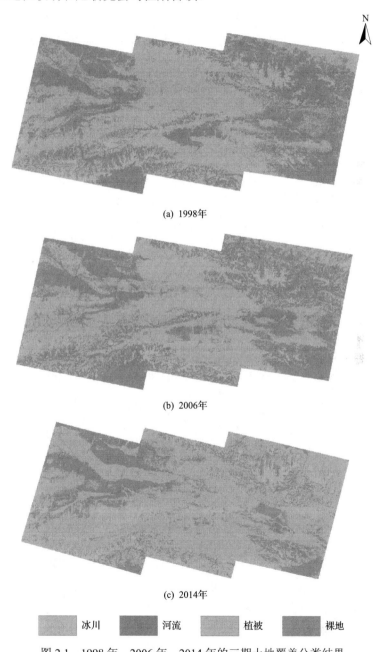

(a) 1998年

(b) 2006年

(c) 2014年

冰川　河流　植被　裸地

图 2.1　1998 年、2006 年、2014 年的三期土地覆盖分类结果

2.2.2 基于 LUCC 的中天山时空变化特征

利用所得到的中天山三期土地利用/土地覆被变化(land-use and land-cover change，LUCC)数据，在 ENVI 软件中分别计算 1998～2006 年和 2006～2014 年的转移矩阵(表 2.2～表 2.5)；将 LUCC 结果转换成矢量数据格式后，导入 ArcGIS 软件进行土地利用类型转移的可视化工作，分别得到各类别转入转出到其他类别的结果(图 2.2 和图 2.3)。

表 2.2　1998～2006 年土地利用/土地覆被变化转移矩阵(按百分比表示)　(单位：%)

转移矩阵	河流	冰川	植被	裸地	总计	转入
河流	21.005	2.183	0.418	0.293	23.899	2.894
冰川	12.29	54.073	1.215	1.884	69.462	15.389
植被	6.346	5.354	80.234	19.661	111.595	31.361
裸地	60.352	38.369	18.126	78.15	194.997	116.847
总计	99.993	99.979	99.993	99.988	399.953	—
转出	78.988	45.906	19.759	21.838	—	—

表 2.3　1998～2006 年土地利用/土地覆被变化转移矩阵　(单位：km²)

转移矩阵	河流	冰川	植被	裸地	总计	转入	1998 到 2006 年增长/减少	比例
河流	74.38	88.11	141.75	110.74	414.98	340.60	增长 60.89	17.196%
冰川	43.52	2182.48	412.35	712.47	3350.82	1168.34	减少 684.52	16.963%
植被	22.47	216.11	27231.98	7436.99	34907.55	7675.57	增长 969.44	2.856%
裸地	213.72	1548.64	6152.03	29561.95	37476.34	7914.39	减少 345.81	0.914%
总计	354.09	4035.34	33938.11	37822.15	76149.69	—	—	
转出	279.71	1852.86	6706.13	8260.20				

表 2.2 和表 2.3 表明，1998～2006 年，中天山各类土地利用/土地覆被变化类型都有转入和转出。按百分比表示，土地利用转出面积最大的是河流，所占比例达到 78.988%，其次是冰川 45.906%，排在第三位的是裸地 21.838%，最小的是植被，仅 19.759%。同时，表 2.3 表明 1998～2006 年河流和植被面积均呈现增长趋势，河流增加了 17.196%，植被增加了 2.856%；冰川和裸地表现出减少趋势，冰川减少了 16.963%，裸地减少了 0.914%。按绝对数表示，转出面积最大的是裸地，有 8260.20km²，第二是植被，达 6706.13km²，接下来是冰川的 1852.86km²，河流最小，仅 279.71km²。

表 2.4　2006～2014 年土地利用/土地覆被变化转移矩阵(按百分比表示)　　(单位: %)

转移矩阵	河流	冰川	植被	裸地	总计	转入
河流	32.465	1.109	0.098	0.695	34.367	1.902
冰川	23.275	67.263	0.361	8.267	99.166	31.903
植被	28.36	16.27	84.838	40.43	169.898	85.06
裸地	15.882	15.347	14.692	50.592	96.513	45.921
总计	99.982	99.989	99.989	99.984	399.944	—
转出	67.517	32.726	15.151	49.392	—	—

表 2.5　2006～2014 年土地利用/土地覆被变化转移矩阵　　(单位: km²)

转移矩阵	河流	冰川	植被	裸地	总计	转入	2006 到 2014 年增长/减少	比例
河流	134.73	37.15	34.16	260.65	466.69	331.96	增长 51.77	12.477%
冰川	96.59	2253.88	125.89	3098.4	5574.76	3320.88	增长 2224.29	66.387%
植被	117.69	545.19	29615.95	15152.43	45431.26	15815.31	增长 10526.41	30.157%
裸地	65.91	514.25	5128.85	18960.74	24669.75	5709.01	减少 12802.47	34.165%
总计	414.92	3350.47	34904.85	37472.22	76142.46	—	—	—
转出	280.19	1096.59	5288.90	18511.48	—	—	—	—

表 2.4 和表 2.5 表明,2006～2014 年,中天山各类土地利用/土地覆被变化类型都有转入和转出。按百分比表示,土地转出面积最大的依然是河流,比例达到 67.517%,相对上一时期来说比例有所减少;其次是裸地,比例为 49.392%,同上一时期相比有所增加;排在第三位的是冰川 32.726%,与上一时期相比有所减少;转出面积最小的是植被 15.151%,比上一时期有所下降。此外,河流、植被、冰川三种土地利用类型均呈现增长趋势,三种类别的转入比例分别为 12.477%、30.157%、66.387%;只有裸地出现减少的趋势,转出比例为 34.147%。按绝对数表示,土地利用的转出面积由大到小排列顺序依次为:裸地、植被、冰川、河流,其转换的面积分别为:18511.48km²、5288.90km²、1096.59km²、280.19km²。

1)河流用地转移特点

1998～2006 年,河流的转出面积为 279.71km²,转入面积为 340.6km²,转入的面积要大于转出,面积增加了 60.89km²,转出的土地类型主要是裸地,转入的土地类型主要是植被,总体来说河流转入面积大于转出面积,河流面积出现增长趋势,从图 2.2 中可以看出河流增加的地区主要集中在由冰川融水所形成的冰川湖;2006～2014 年,河流转出面积为 280.19km²,河流转入面积为 331.96km²,转入面积大于转出面积,面积增加 51.77km²,与上一时期相同,河流转入面积仍大于转出面积,转出的主要流向是植被,转入的主要来源是裸地,根据图 2.3,河流增加的区域主要集中在伊犁河谷地区。

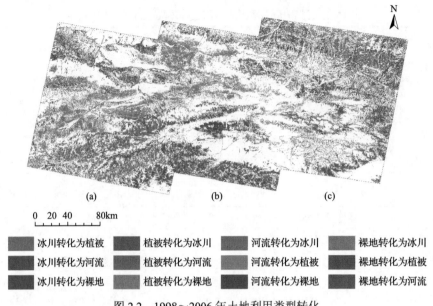

图 2.2　1998～2006 年土地利用类型转化

2) 冰川用地转移特点

1998～2006 年，冰川转出面积为 1852.86km^2，冰川转入面积为 1168.34km^2，转出面积大于转入面积，面积净减少量为 684.52km^2，转出的主要流向是裸地，转入的主要来源也是裸地，由图 2.2 可知，这一时期冰川的面积变化主要集中在汗腾格里峰和库车河附近的中天山区域；2006～2014 年，冰川转出面积为 1096.59km^2，冰川转入面积为 3320.88km^2，转入面积大于转出面积，冰川面积增长 2224.29km^2，转出的主要流向是植被，转入的主要来源是裸地，由图 2.3 可知，这一时期冰川的增加面积主要集中在开都河以北的天山区域和汗腾格里峰附近冰川。

3) 植被用地转移特点

1998～2006 年的植被用地转出面积为 6706.13km^2，植被转入面积为 7675.57km^2，转入面积大于转出面积，面积增加 969.44km^2，转出的主要土地利用类型为裸地，转入的主要土地利用类型也是裸地，由图 2.2 可知，这一时期其他类别转入植被地区主要集中在伊犁河谷地区和开都河地区的中天山区域；2006～2014 年，植被用地的转出面积为 5288.9km^2，植被转入面积为 15815.31km^2，转入面积远大于转出面积，面积增加 10526.41km^2，与上一时期相同，这一时期裸地仍是植被的最大转入和转出的土地利用类型，这一时期转入植被的其他类别主要集中于开都河右岸和北侧的中天山区域(图 2.3)。

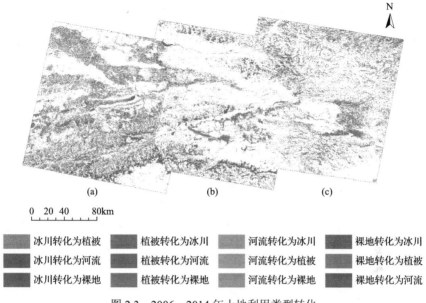

图 2.3 2006~2014 年土地利用类型转化

4) 裸地用地转移特点

1998~2006 年，裸地的转出面积为 8260.2km²，裸地的转入面积为 7914.39km²，转出面积大于转入面积，面积减少了 345.81km²，转入的主要来源是植被，转出的主要流向也是植被，由图 2.2 可知，这一时期其他类别转入裸地地区主要集中在中天山北麓以及汗腾格里峰附近的中天山区域；2006~2014 年，裸地的转出面积为 18511.48km²，裸地的转入面积为 5709.01km²，转出面积远远大于转入面积，减少了 12802.47km²，与上一时期相同，转入的主要来源与转出的主要流向都是植被，这一时期其他类别转入裸地地区主要集中在中天山北坡以及伊犁河谷南侧的中天山区域(图 2.3)。

2.3 水文水资源特征

2.3.1 地表径流水资源

1. 总体概况

天山位于新疆，大约占新疆总面积的 1/3，而地表径流是新疆水资源的主要来源。新疆河流众多，包括大小河流 570 条，年径流量可达 879.0×10⁸m³。其中，仅有 18 条大河的年径流量超过 10×10⁸m³，南北疆各有 9 条(章曙明，2008)。与我国北方大河流相比，新疆河流地表径流量年际变化较平稳，最大水年与最小水年的河流径流量比值保持在 1.3～4.0，变差系数（coefficient of variation，Cv）为 0.1～0.5。新疆地表水资源分布极不均匀，有水就有绿洲，无水则成荒漠。根据上述基本特征，新疆的径流分布划分成阿尔泰山区、准噶尔西部山区、天山山区和帕米尔—昆仑山区 4 个自然地理区域。天山作为新疆几条重要河流的发源地，是新疆地表水资源的重要组成部分。

天山径流高值中心主要有：①托木尔峰—汗腾格里峰冰川群区，径流深在 600mm 以上；②依连哈比尔尕山区，迎风坡喀什河上游径流深 700mm；③博格达山区，径流深 500mm 以上。

2. 天山山区四大流域概况

天山山区主要包括天山南坡、北坡的广大地区，也是我国干旱区最大的径流特征区域。该区域主要流域为伊犁河流域、开都河流域、阿克苏河流域、渭干河流域。其中，单位面积径流西部多于东部，北坡多于南坡。

1) 伊犁河流域概况

伊犁河是流经我国新疆与哈萨克斯坦的国际河流。伊犁河流经伊犁谷地，在支流界河霍尔果斯河注入后进入哈萨克斯坦境内，最后汇入巴尔喀什湖。上游为伊犁河雅马渡站以上，中游以雅马渡至哈萨克斯坦境内伊犁村（卡普恰盖）为界，下游为伊犁村至巴尔喀什湖，河流长达 1236.5km，流域面积达 $1.512×10^5km^2$。其中在我国境内河长 442km，流域面积 $5.67×10^4km^2$；哈萨克斯坦境内河长 794.5km，流域面积 $9.45×10^4km^2$（包括特克斯河上游河长 116.5km，流域面积 $0.47×10^4km^2$）；伊犁河流域平均海拔 2000m 的地方，径流深 250mm；海拔 3000m 的地方，径流深 650mm。

伊犁河流域位于中纬度地区，受西风环流控制，大部分水汽来自大西洋。虽路途遥远，但沿途经过地中海、黑海、里海、咸海及巴尔喀什湖时有大小水体上升水汽对其进行补充，空中水汽含量仍较大。由于伊犁河流域地势西北低东南高，流域形状像喇叭形向西敞开，西方较湿气流容易进入本区，同时受东南部高山拦截，在山区形成大量降水。降水的年内分配，平原与山区有一定的差异。平原地区降水四季分布较均匀，春季降水较多。中、低山区降水集中在春、夏两季。两季降水量占全年的 68.6%～77.2%；冬季降水最少，仅占全年降水量的 4.0%～15.5%。高山区夏季降水多，占全年 42.0%以上；冬季最少，约占全年降水量的 7.7%。

2) 开都河流域概况

开都河位于 80°52′E～86°55′E，41°47′N～43°21′N，发源于中天山的额尔宾、依连哈比尔尕、那拉提等山脉，属于干旱半干旱气候。开都河自东向西流进小尤尔都斯盆地至巴音布鲁克草原附近，并接纳肯特沟后转向东南流经大尤尔都斯盆地，河流出峡谷后流入焉耆盆地并最终流入博斯腾湖，全长 516km，集水面积 19022km^2。大山口水电站是开都河出口总水量的控制站。

开都河径流的补给来源主要是冰雪融水、雨水和地下水混合补给，也就造成年际径流量变化较小，年内分配比较均匀，河流水量在 4～9 月达到最大，占全年水量的 70%～75%，上游的大小尤尔都斯盆地对开都河起到重要的调蓄作用，使得枯水季流量也较大，年内分配较均匀，春秋季水量各占 25%、夏季水量占 40%、冬季水量占 10%。径流的地带分布中低山区多于高寒地区，由于高中山区的冰雪融水和中低山区的雨水相互补偿，以及丰富的地下水库的调节，开都河流域径流年际变差系数 Cv 值仅为 0.15，流域面积比较大，河槽切割比较深，所以汇集了比较多的地下径流，深层和浅层地下水补给地表水占年径流的 35%～45%（彭秋燕，2015）。

3）阿克苏河流域概况

阿克苏河流域发源于天山南坡，位于 75°35′E～80°59′E，40°17′N～42°27′N，流域面积 5.0×10^{4}km^2，属于中天山南坡地区，塔里木河盆地北缘。阿克苏河是中天山南坡径流量最大的河流，径流补给来源主要是夏季冰雪融水及降雨，再加上流域范围内植被稀疏，地表冲刷严重，河道坡降较大，所以泥沙含量也较大。

阿克苏河流量小、流速快、流程短，在出山口以下堆积着深厚的第四系沉积物，由于新构造运动强烈，断块升降为其基本特征。再加上此盆地内水文地质特殊条件限制，地表水在运移的过程中会产生大量的渗漏，地表水、地下水经过多次转移和变化，最终在达坂城区的东南方向以泉水形式复出，最终汇入白杨河。河水除去被达坂城区引用外，其大部分水量最终注入艾丁湖（徐东斌，2017）。

阿克苏河流域远离海洋，大气中的水汽主要源于北冰洋、印度洋，部分受大西洋湿气的影响。流域地处欧亚腹地，四周高山环绕，能够输送到流域的主要气流来自西面的大西洋纬向环流和西伯利亚的干冷反气旋环流，经西北部额尔齐斯河谷及西部伊犁河谷翻越天山进入流域。由于盆地地势低洼，气流处于下沉增温状态，不宜形成云雨，故降水稀少。北部中高山区地势较高，气流处于上升冷却状态，容易形成降水，成为流域水资源的主要补给来源。

4）渭干河流域概况

渭干河位于中天山南坡，途中有木扎提河、卡普斯浪河、台勒维丘克河、喀拉苏河、克孜勒河五条支流汇入，这五条支流均源于天山南坡，单独出流，在拜城盆地克孜尔水库汇集。其中，最大的支流木扎提河发源于汗腾格里峰东坡的冰川集结区，其余四条于拜城盆地进行汇集，流经千佛洞，切穿却勒塔格山后，形成长 64km、宽 160km 的山前大型冲洪积扇，其面积达 8281.8km^2，干流全长

452km(李兴金, 2018)。

渭干河流域在地区空间分布上平原降水量大，山区降水量小，东部降水量小，西部降水量大，降水量集中程度较高，主要产生在夏季，冬季降水量较小。

2.3.2　天山冰川水资源

1)总体概况

天山山区是世界山地冰川分布比较集中的山地之一，据统计，整个天山山系共发育现代冰川 15953 条，冰川面积达 15416.41km^2，冰储量 1048.247km^3(刘潮海, 1998)。其中，天山在我国境内有冰川 9081 条，占整个天山冰川总条数的 57%；冰川面积 9235.96km^2，占整个天山面积的 59.9%；冰储量 1011.748km^3，占整个天山冰储量的 96.5%(施雅风, 2000)，是天山冰川主要发育地区。发育于天山冰川区的木扎提河上游山势高峻，右侧除有汗腾格里峰(海拔 6995m)外，还有托木尔峰(7435m)、科其喀尔峰(6555m)，左侧有雪莲峰(6627m)等，由于高山降水丰沛，估计年降水量可达 900mm 以上，所以这里是我国天山最大的冰川作用中心。从木扎提河向东，山势逐渐降低，到黑孜河源头的木孜塔玛斯峰，海拔 4553m，冰川面积逐渐减小。

2)天山冰川水资源特征

天山冰川由于受山势地形及气候条件的综合影响，在分布上具有以下特征：

(1)冰川分布极不平衡。南天山西段的哈尔克他乌山和托木尔—汗腾格里峰汇区是天山最大的冰川作用中心，有冰川 1952 条，面积为 4582.77km^2。北天山中段的依连哈比尔尕山是第二个比较集中的冰川区，冰川面积 1422.04km^2，虽然比托木尔—汗腾格里峰汇区冰川面积小得多，但因其多为小型冰川，多达 1892 条，与其相差无几。其他大部分山区的冰川规模较小，面积所占比例都达不到 10%，甚至不到 1%。

(2)一些山地的冰川规模南坡大于北坡。我国天山冰川一般的分布状况是北坡冰川规模大于南坡。天山山脉多以东西走向为主、水汽来源以西及西北为主、南坡向阳热量充足等因素限制了南坡冰川的发育，造成大部分山地的冰川多集中在北坡。但是，天山有一些山地却例外，如托木尔—汗腾格里峰汇区、哈尔克他乌山、霍拉山、额尔宾山、博格达山及喀尔里克山等，这些山地的冰川规模不循常规，南坡冰川规模竟然大于北坡。其主要原因为：上述山地南坡的山势高、坡度缓，海拔 4000m 以上山地面积大于北坡，宜于积雪储存。在天山，4000m 以上山地面积的大小是发育冰川的重要因素之一。如博格达峰区南坡 4000m 以上面积是北坡的 1.7 倍，北坡山势陡峭，高山区面积小，因而冰川面积不可能超过南坡；上述山地的南坡降水量虽然在中低山地带比北坡少得多，但在高山区却与北坡相差无几，年降水量可达 600~900mm。

(3)冰川朝向分布不对称。冰川朝向是指冰川面对的方向，按 8 个方位进行统计。偏北向(北、北东和北西)的冰川共计 6005 条，面积 4466.68km²；偏南向(南、南东和南西)的冰川共计 1565 条，面积 2486.31km²。其冰川条数和面积比值分别为 1.3∶1.0 和 0.6∶1.0，具有明显的不对称性。两者冰川的平均面积偏北向为 0.74km²，偏南向为 1.6km²。说明偏北向的冰川个体规模较小，最大规模的冰川面积也不超过 50km²，而偏南向的大规模和较大规模类型的冰川较多。中天山大于 100km² 的 6 条冰川均发育在偏南的方向上，从而使偏南向的冰川个体规模增大。偏西向(西、西北和西南)冰川数量稍多于偏东向(东、东北和东南)，而偏东向的冰川面积要大于偏西向，略不对称。

(4)形态类型齐全，以大型冰川为主体。天山冰川形态类型比较齐全，统计到的形态类型有悬冰川、冰斗-悬冰川、冰斗冰川、冰斗-山谷冰川、山谷冰川、坡面冰川、峡谷冰川及平顶冰川等 8 类。在上述冰川类型中，以大型的山谷冰川占优势，数量虽只占冰川总条数的 4.3%(395 条)，但面积却占冰川总面积的 47.9%(4422.44km²)。其次是中等类型的冰斗冰川，数量与面积分别占 18.5%与 20.6%，两者比较相近。小型的悬冰川数量最多，冰川条数占总条数的 57.9%，但冰川面积只占总面积的 9.6%。平顶冰川数量最少，冰川条数和面积分别只占总数的 0.2%和 0.4%。在天山冰川中，山谷冰川、冰斗-山谷冰川以及其他大型的冰川类型共占冰川总面积的 63%以上。

从面积分级来看，面积小于 1km² 的冰川，其数量占冰川总数的 83.4%，面积却占总面积的 23.2%；面积大于 5km² 的冰川，虽然冰川条数仅占冰川总条数的 2.7%，但冰川面积占总面积的 50%，其中 10km² 以上面积的冰川占总冰川面积的 38.14%，大型冰川在天山冰川中占据了主体地位。

(5)雪线多具东西向平行分布特征，高度变化平缓。东西向天山山脉的雪线分布高程也具有东西向平行分布的特征，雪线高度一般都在 3630～4290m。最低雪线出现在阿拉套山、别珍套山，最高雪线出现在天山南脉和托木尔—汗腾格里峰汇区。哈尔克他乌山南坡平均雪线高出北坡约 320m，是天山南北坡雪线高差最悬殊的山地。额尔宾山、别珍套山、阿拉套山和阿吾拉勒山等山脉南北坡雪线高差仅 10～50m，其余山脉南北坡雪线高差多在 100m 左右。雪线的东西向发育也比较平缓，以北天山北坡和南天山南坡平均雪线高度的变化为例，东西向雪线差值分别为 320m 和 300m，变化幅度大体相等，但变化方向相反，前者从东向西递减，而后者则是由东向西递增。

2.3.3　天山积雪水资源

天山山系的积雪量分布基本遵循的总体规律：自边缘山区向内部山区减少；在边缘山区，以朝向主要水汽来源方向的格萨尔山南坡、西天山南坡和准噶尔阿拉套山西坡的各河流最多；边缘山区的北坡次之；边缘山区的东坡最少，但它们均多于内部山区。

不同大坡向和边缘山区积雪量变化的特征是：就其垂直地带性而言，朝西的边缘山区积雪量的高度梯度最大，随着大朝向自西向东和山区位置由边缘向内部，其梯度减少。从具体坡向来说，南坡积雪量最少。但随着总积雪量的增大，各坡向之间的差别减小，即随着高度的增加各坡向之间的差别也在减小。

天山降水主要集中在夏季，5～8月降水量可占全年降水量的70%左右。冬半年，气温低下，以降雪为主，降水量占全年降水量的30%左右。这里一般山区年降雪量在200mm以上，积雪深度在20cm以上；高山地区降雪量在400mm以上，积雪深度在50cm以上。天山北坡不同海拔上最大积雪深度分布不同。天山冬季积雪深度平均在40～60cm。天山稳定积雪一般从9月中旬开始，多在高山区形成，这时季节雪线下降。10～12月，积雪量迅速增加，积雪面积扩大，全天山50%以上的山地面积被积雪覆盖，在1月、2月稳定积雪达到鼎盛阶段。天山稳定积雪破坏日期变化的方向与形成日期相反，它的速率与形成日期相似。每年3月少雪地区的稳定积雪首先消失，如前山带、低山带及山间盆地等。而4月稳定积雪高度上升幅度为600～800m，伊犁喀什河和巩乃斯河谷海拔达2200～2400m，南坡托木尔—汗腾格里峰汇区海拔3600～3800m。到5月期间，伊犁河源至海拔3100m，南坡已上升至冰川区。而有些高山区积雪可持续到6月，甚至7月才消失。

2.3.4　天山地表水资源的变化

地表水作为人类生产生活的重要水源，在整个人类发展过程中具有重要作用，天山地区地势较高，是我国多条重要内陆河的发源地，地表水资源相较于其他干旱区较为丰富，但20世纪50年代以来，包括天山地区在内的新疆地区总径流呈增加趋势，在全国各省区中较为显著。随着气温的升高，山区冰川退缩呈加速趋势，且冰湖总量增多，面积增大。内陆河流域出山口总径流量呈增加趋势，但存在明显的空间差异。气候变化和人类影响使得整个天山地区水资源变化显著。

1)冰川退缩

近50年来(至2012年)，我国天山冰川的面积缩小了11.5%，虽然各流域冰川面积退缩的速率存在一定差异，但冰川加速消融的趋势明显。乌鲁木齐河源天山1号冰川自1959年以来呈退缩趋势，其变化较为典型，冰川面积减小，冰川末端退缩加剧，冰川储量锐减。1号冰川面积从1962年的1.95km^{2}减少到2009年的1.65km^2，在47年间共减少了15.7%，2009～2012年其面积仍然在继续缩小。1号冰川在1959～1993年以4.5m/a的速率退缩，1993年东、西两支冰舌完全分离，1994～2008年西支冰舌末端平均退缩速率为6.0m/a，东支退缩速率较缓，为

3.5m/a，末端退缩速率加快。1962～2006 年，1 号冰川储量由 $1.0736\times10^9\text{m}^3$ 锐减到 $0.8115\times10^9\text{m}^3$，减少了 24.4%，进入 21 世纪以来，冰储量的减少呈现加速趋势。

新疆奎屯河区位于准噶尔盆地西部偏南地区，是天山北坡经济带的主要水源地之一。根据 1964 年 9 月拍摄的奎屯河上游航片资料进行了冰川编目统计，河源共有 309 条冰川，冰川面积 201.12km^2，平均冰川面积 0.65km^2，冰川储水量 10.969km^3，平均雪线海拔 3670m，最大的冰川面积为 9.59km^2，面积小于 1km^2 的冰川有 263 条，$1\sim10\text{km}^2$ 的冰川 46 条。根据冰川编目的面积与 2004 年卫星遥感图片解译数据(王文彬,2009)，奎屯河源的冰川面积减退了 15.37%，并且有 11 条冰川消失，河源冰川面积已减缩为 170.21km^2，损失面积达 30.91km^2，末端退缩率为 3.5m/a。其中，奎屯河源的哈希勒根 51 号冰川自 1998 年开始观测以来，消融的程度尽管没有乌鲁木齐河 1 号冰川那么大，但消融的加速趋势十分明显(王林,2010)。该冰川面积由 1964 年的 1.558km^2 缩小到 2004 年的 1.356km^2，缩小了 0.202km^2(即 13.0%)，末端退缩率平均为 3.9m/a。冰川末端在 1964～2006 年的平均退缩速率为 2m/a，而在 1999～2006 年则达到 5.1m/a，增加了约 1.5 倍。冰川的表面运动速度也有减缓趋势，表明其厚度在减薄(井哲帆等,2002)。考察观测到与之相邻的 48 号冰川，在冰川末端退缩速率方面与 51 号冰川比较接近，而面积的相对变化较小，可能是 48 号冰川面积较大的缘故。该冰川积累区 10m 以下的粒雪层内，在 10 月份还存在大量的未冻冰川融水，表明冰川冷储量低，对气候变暖的抵御力弱，正处于迅速消融中(阿依努尔·孜牙别克等,2010)。

2)冰湖数量增多，面积增大

冰湖是由冰川作用形成的湖泊或以冰川融水为主要补给源的湖泊，在冰川作用区广泛分布。调查结果显示，2010 年，天山地区共有冰湖 1667 个，总面积 96.504km^2。中天山分布最多，其次是东天山，分别占整个天山的 40.4% 和 30.2%，西天山最少，占总面积的 9.5%(表 2.6)。近 20 年来，在区域气候变暖、冰川退缩的背景下，天山地区冰湖总体数量增加了 22.5%、面积增加了 16.7%，新增冰湖是本区冰湖面积扩张的主要贡献者，贡献面积净增量达 61.1%。

表 2.6　1990 年、2000 年和 2010 年天山不同区域冰湖数量与面积

年份	西天山		北天山		中天山		东天山		合计	
	数量	面积/km²	数量	面积/km²	数量	面积/km²	数量	面积/km²	数量	面积/km²
1990	125	7.373	353	15.89	512	37.378	371	22.075	1361	82.716
2000	155	8.765	397	18.01	536	36.995	445	25.06	1533	88.830
2010	164	9.145	425	19.195	557	39.045	521	29.119	1667	96.504

1990~2010 年，东天山由于气候变化的暖湿趋势明显，其冰湖面积扩张速率最快，为 1.6%/a 或 0.352km^2/a，其次为北天山，为 1.0%/a 或 0.165km^2/a。不同海拔上，增速最快的在 3500~3900m，平均增速达 1.6%/a，指示天山地区气候与冰川变化的海拔差异性。规模上，面积小于 0.6km^2 的中小冰湖对冰川退缩敏感，其平均面积增幅最大，为 4.3%~19.5%（王欣等，2013）。

天山冰湖扩张主要是气温升高、冰川普遍退缩共同作用的结果，对内陆干旱区来说，冰湖的迅速扩张在一定程度上延缓了气候变暖而导致的区域冰川水资源的亏损。初步估算显示，近 20 年中，冰川融水直接汇入冰湖面积净增 0.689km^2/a，相当于约有 0.13Gt 或 0.006Gt/a 的冰川融水滞留在冰湖中，近 10 年冰湖总水量增速加大，为 0.01Gt/a，约占天山冰川年消融量的 2‰，对干旱的天山地区的生态和社会经济建设弥足珍贵。但是天山冰湖面积不断扩张将导致本区冰湖溃决洪水的频次和强度增大，需引起广泛重视（王欣等，2013）。

3）地表径流增加

有关新疆河川地表径流变化的研究较多，由于分析选用的水文站点不同、时间序列的长度有差异，定量分析结果有一些差异，但是 50 年来（至 2010 年左右，余同）径流变化特征的整体状况和空间分布基本是一致的。新疆大多数河流年径流量从 1987 年起出现增加趋势，天山山区增加尤其明显，其他地区有不同程度的增加，昆仑山北坡略有减少。南疆塔里木河流域出山口总径流量呈增加趋势，但存在明显的空间差异。20 世纪 50 年代以来，新疆总径流呈增加趋势，在全国各省区中最显著（《气候变化国家评估报告》编写委员会，2011）。

塔里木盆地周边的天山、昆仑山地区共有现代冰川 14285 条，面积 23628.98km^2，冰储量 2669.435km^3，冰川融水径流量达 150×10^{9}m^3，约占流域地表总径流量的 40%，是本区最重要的水资源。根据计算和实地考察，近 40 年来本区冰川物质平衡主要呈负平衡，帕米尔和喀喇昆仑山约为–150mm，天山南坡流域为–300mm，昆仑山基本稳定。1972/1973 年度是天山物质平衡发展的一个突变点，突变后冰川消融加剧，前后均值相差–250mm，冰川融水和洪水峰值都呈明显增加的趋势。根据分析，气温变化 1℃，冰川物质平衡变化约 300mm，河流径流变化在台兰河可达 10%。温度上升导致冰川消融加剧，近 50 年天山山区升温主要在秋冬季节，使得冰川冷储减少，冰温升高，夏季短期的急剧升温都会使冰川大量消融。塔里木河流域出山径流年际变化与冰川融水径流年际变化过程基本一致，河流径流量的增加约 3/4 以上源于冰川退缩的贡献。根据相关气象资料，天山 1 号冰川 1959~2008 年物质平衡与大西沟气象站年正积温呈线性负相关。以天山北坡奎屯河出山口径流的多年变化为例，在近 50 年来径流变化大致经历了 3 个阶段，即 20 世纪 60~70 年代中期的平水阶段，70 年代后期~80 年代中期的枯水阶段，80 年代中期后丰水阶段。但在枯水期也出现有 1981 年丰水年份和 1967 年的枯水年份，在丰水阶段还出现 1987 年特丰水年和 1992 年特枯水年,并成为 50 年来丰水和枯水的极值年。同时,1992 年也成为出山径流由下降向增加的转折年,直到 2008 年。1992 年至 21 世纪初为持续上升的丰水阶段,年径流量基本维持在多年平均值以上,但在 2009 年又出现了特枯水年,其年径流量比 1992 年还低;径流多年变化总体表现为上升趋势。奎屯河流域降水变化对径流量影响显著,呈显著正相关。降水偏多年份,奎屯河径流相对较丰;降水偏少年份,径流也相对较枯。说明年降水量在奎屯河年径流量中有着举足轻重的作用。随着气候变暖,奎屯河的年径流量呈增多趋势,这不仅受降水增加的影响,还受气温持续上升、河源冰川加剧消融的影响,使出山口河川径流量和冰川融水径流自 20 世纪 80 年代中期,特别是 1990 年后有显著增加,由 20 世纪 80 年代前冰川融水量占 23.7%,到 2010 年已增加到 29.4%,冰川径流增加了 5.7%。在冰川物质平衡连续亏损的情况下,可估算出冰川径流中平均消耗冰川积累达 30%左右(阿依努尔·孜牙别克等,2010)。

2.3.5　水储量变化

利用美国得克萨斯大学空间研究中心(Center for Space Research, CSR)重力场模型的球谐系数估算天山山区陆地水储量的时间变化。在研究时段 2003~2013 年,CSR 提供的重力恢复与气候实验(gravity recovery and climate experiment, GRACE)卫星球谐系数估算的天山及其周边地区陆地水储量变化振幅为–80~75mm,年变化振幅约为 80mm,其振幅变化大于全球陆面数据同化系统(Global Land Data Assimilation System, GLDAS)数据;联合法国空间大地测量研究小组(Groupe de Recherche de Géodésie Spatiale, GRGS)提供的 GRACE 的 3 级产品估算的天山山区陆地水储量变化振幅为–120~100mm,年变化振幅约为 70mm,其振幅变化也大于 GLDAS 数据。分析结果表明,基于 CSR 的球谐系数估算的水储量与基于 GRGS 的水储量数据在研究阶段均呈现下降趋势,这种下降趋势在 2007 年之后尤为明显,在 2009 年左右天山山区的水储量达到最小值,在 2009 年以后天山地区陆地水储量又逐渐增加,2010 年出现一个较高值。天山山区的陆地水储量在年内也表现出较为明显的差异,基于 CSR 的球谐系数估算的天山山区水储量结果,在每年的 8 月到次年的 1 月,整体呈现水储量亏损状态,其亏损水量达到–38~–2mm,最小值出现在 10 月。而每年的 3~7 月天山山区的陆地水储量呈现盈余状态,盈余量在 8~38mm,最大值出现在 4 月。每年中的 9~11 月为亏损严重时期,这一时期气温开始骤减,降水也较少,固态降水所占的比例较大,冰川融水较少。

利用 GRACE 数据反演的天山山区各月水储量变化的数据显示,1 月天山山区水储量中东部为缺损状态,西部为富余状态,最大值 18.63mm,最小值–18.81mm。2 月西部和东部水储量变化有所增加,而东部始终处于缺损状态,最大值 42.52mm,最小值 13.53mm。3~6 月天山山区西部水储量变化达到一年中最大值，约为 60mm，此时由于降水增加，整个天山水储量也有所增大，只是西部水储量变化始终大于东部，中部水储量变化较小，尤其是 5 月，整个天山山区水储量呈盈余状态。7 月，天山山区水储量减小且中部出现亏损。8 月天山山区水储量继续减小，只是在东部的少数地区有所盈余。9~12 月天山山区水储量变化达到一年中最大亏损状态，尤其是 10 月，最小值约为–69.2mm，随着季节变化，西部地区水储量逐渐增加；与之相反，东部地区在 9~12 月水储量由大变小，这是因为东部地区在此时段内降水减少。

第3章 样品采集测试及研究方法

在同位素水文研究中，采样是指从被分析的体系采集能够反映该体系可靠信息的一小部分样品供分析测定用。采集的对象一般是液态水或其他状态的水，如蒸汽、雪或冰，此外还有水中溶解的气体和其他有机、无机溶质以及土壤等。

采样是同位素水文研究中的重要环节之一。实践表明，一般情况下采样所带来的误差远大于分析误差，分析数据质量不好以及解释错误很大程度上与采样质量不好有关。除采样误差以外，样品缺乏代表性也会导致得出错误的结论。由于采样引入的误差以及样品代表性的好与差不易识别，并且是发生在获取数据的早期阶段，故采样所造成的损失远较分析测定带来的损失大。从这个意义上讲，采样的重要性高于实验室的分析精度一点也不为过。

整个采样实施过程一般包括三个主要阶段：

前期准备阶段。此阶段的主要工作任务包括制定详细合理的采样方案，再根据采样方案确定并准备所需的材料、设备等。最后，在条件许可时采集重复的(对比)样品，以检验采样方法的可靠性。

样品采集阶段。此阶段的主要工作任务包括根据制定的方案在采样点按照规范的方法进行现场测量工作，采集样品并记录，标记样品。

后期处理阶段。此阶段的主要工作任务包括统一整理样品，按照技术规定登记、保存和管理样品，并将需要测试的样品送交实验室进行分析测试。

3.1 采样的前期准备和要求

3.1.1 采样方案的制定

采样方案是对整个采样实施过程的整体规划与设计，其主要内容包括确定采样点(数量、位置)、采样时间、采样间隔、样品源种类、采样方法以及测试项目等。一般情况下，制定采样方案时要考虑样品的代表性，即样品代表的点、线、面、体和时间的问题。显然，地点甲采集的样品也许代表不了地点乙的样品，同一地点夏季采集的样品可能与冬季不同。此外，样品的代表性是相对的，例如，从某一湖中不同水平位置，不同深度采集的水，其综合数值指标可以代表该湖的水(体)，但在考虑该地区的全盘问题时也许只能代表该地区的一个局部(点)。同样，若从整体看一条河流，则河流某一截面只能代表该河流的一个点。最后，所采集的样品可能甚至连点的代表性都不具备，如采样过程中(或采样后)样品被污染、蒸发损失、和环境进行了物质交换等。

采样方案的制定取决于研究目的。例如，采集河水，根据研究目的可以采集上游、中游或者下游的水，而书本上的某些原则像"泉水采样向前靠，河水采样向后靠""浅水采样中层取、深水采样分层取"，只是对大多数情况而言的，不能盲目照搬。同样，尽管目前在应用环境示踪剂上提倡多种示踪剂并用，并且有"多多益善"的提法，但在应用上也要考虑具体情况。例如，若要了解地下水中是否含有较年轻的组分(水龄小于 50 年)，为了节约经费采水样并测试其中的氚的含量即可；反之，若要了解地下水的年龄及年龄分布，则要分析多种年龄指示剂(氚、氯氟烃(chlorofluorocarbon, CFC)、惰性气体等)，在这种情况下为了节约经费而只测单独一种年龄指示剂就很有可能犯"盲人摸象"的错误，反而造成经济上更大的浪费。

采样方案的制定取决于所掌握的研究区域的资料，包括地形、地貌、水文、地质等。在确定采样点时要考虑的因素包括含水层和阻水层的岩性、厚度与分布，断裂构造，水文地质边界，水力梯度，地表分水岭，以及各含水单元之间(可能)的横向联系和纵向联系等。为了使制定的方案尽可能合理，所掌握的资料越多越详尽越好。最后，制定采样方案时还应考虑如下一些问题，如是否需要储存、邮寄样品，用什么样的技术手段处理、分析样品，采样和样品分析之间的时间间隔等。

3.1.2 采样设备及采样材料

采样器的材料和封口都要经过特别的选择和设计，以避免采样后样品被容器污染，或者同外界发生物质交换导致样品组成发生变化。实践证明，采样瓶应符合下列条件：

(1)使用细颈瓶。

(2)封口应采用螺纹盖，盖内用密封性好的衬垫或塞子密封。

(3)如果存储时间比较长(如几年)，采样瓶最好选择密封性好的棕色玻璃瓶。

选择采样瓶大小，原则上应按照分析实验室的惯例，即根据测试项目要求的采样量选择采样瓶。例如，稳定同位素 $\delta^{18}O$ 和 δ^2H 的实际测定虽然需要不足 10mL 水样，但许多同位素水文实验室要求采样量为 50mL；而测定放射性同位素氚(^3H)，若需要在分析前点解浓缩，则需要 500mL 水样；分析水中的阴离子和阳离子也需采 500mL 水样；用传统的辐射测量法分析 ^{14}C 的浓度，通常以 50L 水样为采样量单位。由于分析 ^{14}C 需水量大，需要在现场对采集的水样进行处理，将水中的碳以 $CaCO_3$ 或 $SrCO_3$ 的形式沉淀出来，再收集到 1L 的瓶内。若用加速器质谱法分析 ^{14}C，则可直接采水样而无须在现场对采集的水样进行处理，一般测试要求采集 1L 水样。

　　玻璃瓶在运输过程中或温度变化比较大时容易破碎，因此若样品存放的时间不长(如几个月)，除特殊要求以外——如分析 CFC 和六氟化硫一定要用玻璃瓶——一般也可使用塑料瓶。塑料瓶的种类繁多，选择时应注意：水及水中溶解的气体很容易通过普通的塑料材质扩散，故普通的塑料瓶不适合采样，例如，不能用普通装饮料的瓶子装样品，而一般的矿泉水瓶也要经过反复清洗晾干后才能使用，以避免残留物质对样品的干扰。实践证明，可使用阻水和阻气性较好的高密度线性聚乙烯瓶。高密度线性聚乙烯瓶也不能完全防止水及水中溶解的气体和外界进行物质交换，不适合长期储存样品。

　　除上述采样注意事项外，在实际采样过程中还需注意的其他事项有：

　　(1)没有用过的采样瓶一般可直接使用而无须进行预处理。若需要预处理，可用高纯的硝酸(5%)浸泡 24h，再用去离子水冲洗，晾干备用。

　　(2)原则上塑料瓶只使用一次。若要多次使用，则要在使用后用高纯度的硝酸(5%)浸泡 24h，再用去离子水冲洗，晾干备用。

　　(3)一般情况下玻璃容器对极性物质(如金属离子等)有吸附性，塑料容器对非极性物质(如有机物和矿物油等)有吸附性，在选择容器材料时应予考虑。

　　(4)除采水以外，其他类型的样品(如气体、土壤等)也对容器有特殊的要求。

　　(5)最后，不同的实验室或分析项目对采样容器可能会有特殊的要求，因此在无把握的情况下应在采样前征询实验室有关人员的意见，以避免不必要的浪费。

　　除上述注意事项外，在野外样品的采集过程中需要提前准备以下采样设备或工具材料。

1)地图和 GPS 定位仪

　　为了了解采样点位置和精确确定采样点的地理坐标，地图和 GPS 定位仪是必不可少的。目前的手持 GPS 定位仪都有同时测温度和海拔的功能，某些还具有防水功能，能够在水上漂浮，更适合野外采样。

2)野外分离、分析手段

　　在野外工作中，许多参数都需要在采样现场测定，如温度、大气压、电导率、含氧量、pH、氧化-还原电动势等。理想的测定仪能同时监测多种参数，如同时测温度、大气压、电导率、含氧量、溶解的气体总量、水深度等的自动记录仪器。采样前有时需要分析待采的样品，以确定采样量，便携式分光光度计、滴定分析和离子选择性电极等都是较常用的分析仪器和手段。如果水样需要过滤，还需要准备过滤装置，如滤膜、抽滤瓶、电动或手动真空泵等。近年来一次性过滤器的应用越来越普及，使用一次性过滤器有许多优点：采样时可以直接将过滤器串联到水流线路中，操作简单，可避免水和空气接触。过滤器外壳对滤膜有一定的保护作用，防污染性强。和普通平板式滤膜相比较，一次性囊式滤膜的表面积要大得多,不易堵塞。不需要更换和清洗膜,既省时省力又可避免污染。

3)水泵、小型发电机、蓄电池

采样时经常需要用水泵,水泵的种类很多,比较适合采样的水泵为潜水式正压推液泵,而地面式利用抽水原理工作的泵则不适合采样。潜水式正压推液泵又分很多种,如齿轮泵、螺旋泵、离心叶轮泵、叶片泵等,可根据需要选用。若水泵在前次采样中提取过污染的水,则需要进行清理。通过采空白样品很容易测出水泵是否符合采样要求。根据野外作业时移动用电设备的需要配备小型发电机、蓄电池。

4)测绳或测尺

用测绳或测尺确定地下水埋深或采样深度。

5)采样桶

很多场合都要用到采样桶。除采地表水可以直接用采样桶提水采样外,在现场测定水样的理化参数时用采样桶也很方便。采样桶应专为采样所用,选择采样桶时应考虑测试对容器材质的要求。

6)标签、记录笔、采样记录本

用于给样品编号、记录采样信息。建议准备各种不同的笔,如黑/蓝色防水记录笔、圆珠笔、铅笔等。根据经验,红色防水记录笔较黑/蓝色更容易在光照后褪色。一般情况下不允许用铅笔记录,但在野外特殊条件下有时候铅笔却是最可靠的记录工具。对采样记录本应采取一定的防水、防风措施,例如,可将笔记本放入塑料袋中,避免使用未装订的纸片,以防信息丢失。

7)定深采样器

可用定深采样器在不同层位、不同深度采集水样品。采样器的种类很多,可根据尺寸、结构、材质选用。较常用的有凯末尔采样器、范多恩采样器、双止回阀采样器等。若是采集井水,还可用双栓塞(或单)封隔采样器。

8)冷藏箱

有些情况下,特别是环境温度比较高时,需要将样品临时保存在低温下。例如:①测碳同位素时,水中溶解的有机碳含量比较高;②测水中营养盐的同位素组成时(如 NO_3^-,NH_4^+);③当水温远低于环境温度但又必须不留顶空地旋紧瓶盖时。在前两种情况中,低温有利于抑制微生物的活动;而在后一种情况中,低温则可防止玻璃瓶爆裂。

因为是临时性的,若样品不多,用普通的家用型野餐冷藏箱即可(在箱内放置冰或冷冻过的水维持低温)。

9) 其他

各种规格的管材、管接头、注射器、漏斗、胶带、绳子、小刀、扳手、螺丝刀、钳子、手电筒、相机、手机、笔记本电脑、遮阳伞、回收垃圾的环保袋等。

3.1.3　样品采集的常规方法介绍

样品源主要包括降水、地表水、土壤水、地下水、地热流体、大气水及植物水等。对于不同类型的样品源，采样方法也各不相同。

1. 降水

降水样品需要测试的项目主要是稳定同位素 ^{18}O、^2H 和放射性元素 ^3H。采集降水样品要根据研究目的制定相应的采样方案。例如，当研究目的要求采样时间间隔一定时，要严格根据研究目的执行。采样时间间隔为几个月、几个星期、几天、几小时等几种形式。而以监测目的采样(如 GNIP 监测站点的降水采集)一般以月为时间间隔，每个月分别采样，月初开始采样，月末收集样品。

降水的同位素组成是随时间变化的，同位素水文研究一般采用一定时期内的加权平均值，因此在采样的同时要测量降水量。可以使用雨量计，也可以根据采集到的水样量估计降水量，如将收集到的水倒入量筒，用水量除以采样器的截面积，由此即得降水量。

1) 雨水

对收集时间较长的降水样品，要采用特殊的采样装置。最常见的是油封式采样装置。采样器上用漏斗收集降水，预先在采样器内装入至少 10mm 厚的液态石蜡或矿物油。液态石蜡浮在水上可防止蒸发。收集降水样品时，尽量不要让矿物油进入采样瓶中。这种采样装置的优点是制造简单，实践证明可以有效地采集降水并避免水分蒸发。其缺点是使用液态石蜡或植物油，在分离样品时会费些工夫。除油封式采样器以外，还有其他几种类型的采样器，如球封式降水采样装置、袋-管式降水采样装置。其中，球封式降水采样装置利用乒乓球等浮球防止水分蒸发。降水后，漏斗中的浮球浮起，使水流入采样器。无降水时浮球下落盖住漏斗底部。另一种袋-管式降水采样装置用塑料袋集水，塑料袋只通过一个截面积很小的导管和外界相连，因此密闭性很好。此外，塑料袋仅在有水的地方张开，所以这种装置的顶部空间比较小，缩小了水的蒸发空间。无论哪一种雨水采集装置，设置采样器时都应考虑以下因素：

(1) 避开污染源。

(2) 四周应无遮挡物。

(3) 采样器应具有一定的抗风能力。

(4)应避免阳光直接照在采样器上。

(5)采样口离地面的距离不应小于1m。

(6)使用中应该注意以下事项。①直接收集降水而不允许间接接取其他物体上流下来的雨水。②样品装瓶过程中要防止水分蒸发。③收集样品后要将采集器干燥后再继续使用。

2)雪水

采集雪水可以用桶式容器,也可以用平板。与采集雨水不同,采集雪水的桶式容器需要有较大的口径,由于是敞口容器,要经常将雪水收集起来,以防水分蒸发影响测定结果。用平板采集雪水时,要标记平板的位置。最好不要让平板上的雪积累太多,积累到一定深度时,收集一次。可以用金属容器倒插入雪中,将整个厚度的雪收集进容器。待容器内的"雪芯"融化后,计算降水量,再将融雪装进样品瓶密封。融雪时的温度应尽可能地低,以减少水分蒸发。

2. 地表水

采集地表水时,原则上应注意的事项主要有:

(1)对于同一水体,即使不是很开阔的水体,所采集的样品也可能会由于地点不同有很大的差异。

(2)对具有一定深度的水,要考虑分层现象可能会引起水中某些参数以及同位素组成发生变化。

(3)要考虑季节的影响因素。

(4)对河水采样时,靠近岸边的水易受蒸发和污染的影响,因此要避免在河岸边的滞水采样。在河上或河边有建筑物的情况下,采样点应选上游以避免污染。采样点的上、下游最好能有河宽数倍长的直流段,无旋涡、激流等。若要做定期监测,应选择能够重复采样的装置。

(5)要考虑天气因素的影响。

(6)采样时间的选择,一般选择采样前连续晴天、天气较稳定的日子。

(7)避免对表层水采样。

(8)水样离开水体后温度会变化,故取水和装瓶之间的等待时间不应过长。

(9)同一天内不同时间的温差有时很大,故应记录采样的时间。

(10)可将采样瓶置入水中用排气法取水。当要采某一确定深度的水时,可用定深采样器,或用泵提取,此时原则上要按地下水采样的操作要求进行采样。用泵提水的缺点是不容易控制采样的深度,不适合对采样深度要求较高的情况。

3. 土壤水

一般来说，从包气带中采集水样而不影响其原始组成是相当困难的。与其他水体样品类型相比，土壤水的分析结果更易受采样质量的影响。为了减小采样引起的误差，一些科学家提出了另一种可行的假说，即不需要提取土壤水，直接以含水的土壤作为样品，用 CO_2 平衡法测定土壤中的 $\delta^{18}O$ 值。用这种方法虽然解决了 $\delta^{18}O$ 的问题，但要测氢同位素(氕和氘)以及其他溶质必须提取土壤水。

土壤的含水量差别非常大，当土壤含水量高时，可以在现场直接采土壤水，否则只能采含水的土壤供分析用。在现场采土壤水，可以用专用的土壤水采集器，如现实中最常用的吸杯式采样器。将吸杯插入土壤中，通过抽气保持管内负压，在压力的作用下，土壤水通过吸杯底部具微孔的陶瓷端渗入管中，再上移进入采样瓶中。但是在用吸杯式采样器采土壤水时应注意：

(1)微孔陶瓷的孔径应该与周围介质的空隙尺寸接近。由于微孔陶瓷的表面积大，在表面发生的某些物理(化学)过程可能会对样品产生影响，因此使用前需要用水对微孔陶瓷做预处理，做预处理用的水应尽量和待采集的水相似。

(2)为了避免发生脱气现象，所施加的负压不应过高。脱气可以使某些和气体平衡的组分发生改变，也可以使挥发性组分丢失。

(3)考虑到包气带可能存在的非均匀性，应在同一深度的不同位置采集多个样品，以保证样品具有代表性。

(4)环境温度不能低于 0℃。

(5)采样瓶和吸杯应处于同一水平位置，以减小压力差和温度差。

若没有采土壤水设备，或者当土壤含水量很低时，则只能采含水的土壤，此时要根据土壤的含水量采集土壤量，以保证在实验室内能够提取出足够的水量供分析用。在野外采集土壤样品时，应尽量缩短样品暴露在大气中的时间，样品可封装在广口瓶内送交实验室提取其中的水分供分析用。实验室提取土壤水测定同位素组成的常用方法有：

(1)挤榨法。原理类似于用手拧干湿毛巾，只适合土壤含水量比较高时。因为只是简单的机械分离，所以这种方法对水的同位素原始组成影响很小。

(2)离心分离法。原理类似于洗衣机甩干湿毛巾，适合土壤含水量不太高，不能用挤榨法分离水的情况。

(3)真空干燥法。原理类似于晾干湿毛巾，为了加快晾干速度，过程都是在真空管条件下进行的。根据干燥过程中试样温度的不同可分为两种方法：①热干燥法。在真空条件下加热土壤。这种方法比较简单，和低温法相比干燥速度较快，但它对温度的选择和控制要求比较高，温度的选择和控制不当会触动土壤中的非游离部分，改变游离土壤水的原始同位素组成。②冷冻干燥法。冷冻干燥和热干燥的原理类似，区别在于冷冻干燥是在水的冰点以下进行，此时水分子不是从液态蒸发，而是从固态直接升华为气态水。与热干燥法相比，冷冻干燥法的优点是对土壤水中非游离部分触动比较小。缺点是需时较长，提取费用高。

此时需要注意：水在蒸发过程中会发生同位素分馏，故用干燥法提取水，不能只提取一部分水而必须提取全部游离水。土壤中的水并非都是游离水，其中有一部分是相对固定的，如吸附在土壤矿物质和有机质表面的水以及土壤所含矿物中的结晶水。尤其是结晶水，这部分水是土壤所含物质的化学组成的一部分，在许多情况下不参与自然界中的水循环。所以在提取土壤水时应注意：①避免提取非游离水；②避免非游离水和游离水在提取过程中发生同位素交换。因此，用热干燥法提取土壤水时温度不能过高，并且要避免局部过热。

(4)共沸蒸馏法。在试样中加入一种与水不相容的有机溶剂，如甲苯、石油醚等，可以使体系中的液体形成共沸物，即一种不能通过常规的蒸馏或分馏手段分离的、沸点低于水的混合物。将混合物加热，有机溶剂和水按固定的比例蒸出，冷却后得到两相分离的液体。这种方法称为共沸蒸馏法。共沸蒸馏法的优点是蒸馏温度比较低，对土壤水中的非游离部分触动比较小。因为蒸馏温度不高，所以可以用油浴法加热。和干燥法一样，用共沸蒸馏法提取水，不能只提取一部分水，而必须提取全部游离水。因为如果只提取一部分，其在蒸馏过程中有机溶剂和水分离后会返流到土壤中，故蒸馏时间不受有机溶剂加入量的影响。

(5)同位素稀释法。将一定量已知同位素浓度的水加入试样中，待混合均匀(交换完成)后分离一部分水，分析测定其中的同位素浓度，可得到土壤水中的同位素浓度。

根据体系的同位素组成具有加和性的特点，可得公式

$$m_x \delta_x + m_k \delta_k = (m_x + m_k) \delta_{mix} \qquad (3.1)$$

式中，m_x 和 m_k 分别为土壤含水量和加入的水量；δ_x、δ_k、δ_{mix} 分别为土壤水、加入的水以及提取的水的同位素浓度，‰。

若土壤的含水量已知，式(3.1)中只有一个未知量 δ_x，此时只要稀释一次即可求出 δ_x。若土壤的含水量未知，由于公式中有两个未知量 m_x 和 δ_x，则至少要进行两次稀释(两次加入的水量不同以及(或者)加入的水的同位素浓度不同)

$$\begin{cases} m_x \delta_x + m_{k(1)} \delta_{k(1)} = (m_x + m_{k(1)}) \delta_{mix(1)} \\ m_x \delta_x + m_{k(2)} \delta_{k(2)} = (m_x + m_{k(2)}) \delta_{mix(2)} \end{cases} \qquad (3.2)$$

解上面的二元一次方程组即可求出 m_x 和 δ_x。

这种方法的特点是不需要将土壤水全部定量地分离出来，而只要分离出一部分水就能测定其中的待测物含量。当土壤含水量低时，可以用这种方法先加水，

再用挤榨法或离心分离法收集稀释后的水样供分析用。

吸杯式采样法的缺点是只适合土壤含水量高的情况,采样时间比较长。其优点是可在同一地点反复采样,比较适合采集时间系列样品。采集土壤则正好相反:采样不受土壤含水量影响,所需时间短,但由于采样引起破坏,不能在同一地点反复采样,在采样时间系列样品时会由于采样位置变化而引起误差。

4. 地下水

和采集地表水、包气带水不同,采集地下水样品时,需要充分考虑如下一些可能发生的情况:

(1)样品从地下采出时,温度可能会变化,而许多化学测定参数都与温度有关。

(2)水暴露于大气环境中,由于和大气交换 CO_2,可能会导致碳同位素组成发生变化。

(3)丢失或吸收 CO_2 也会导致水样的 pH 改变。

(4)某些物质可能会发生氧化作用。

(5)某些极易和大气交换的气体也会在样品取出地表时挥发。

(6)水和大气也可能被污染,例如,大气中的 CFC 可能会进入水样。

(7)压力降低导致脱气,出现气泡。

(8)若采集的是井水,还需考虑所采的水是某一特定深度的水或是不同深度的混合水。

(9)若采集的是泉水,还需考虑泉水的类型以及季节因素等。

(10)地下水可选在泉水露头、水井、观测井出水口等处进行采样。

对于几种特殊的地下水需要采取不同的取样方式。

1) 泉水

天然泉水是理想的地下水采样点。为了避免水和空气接触或者脱气,最好用管道将还未流出地表的泉水引出再进行采集,这一点对采样分析 CFC 或者惰性气体尤其重要。若无法做到这一点,必须注意采样点应尽可能靠近泉水出水口。

某些野外采样项目要求采样时水不能接触大气(如测水中溶解的氧、CFC 等),对于这类样品,若简单地将采样瓶置入水中用排气法取水,水在进入瓶中时必然要和排出的空气相遇,从而使水样受到污染。为了避免污染,可用一个漏斗扣在泉水出口处,或者用注射器,将水导入瓶内置换出接触过空气的水,在水下盖住瓶盖。

2) 井水

从井中采地下水样品前,要了解采样井的结构、滤管或滤网的情况、井深、井泵的类型及含水层的情况,在此基础上确定采样水层和采样深度。民用井、工业井和市政水井都可作为采样井。利用这种井虽然有省经费、采样方便的优点，但这种采样井并不是理想的采样井，因为这种井无法控制采水层，采得的水样可能为多个含水层的混合水。若井正在使用，则采样前不必洗井，长时间不用或可能受污染的井要在采样前排出存水(洗井)，排水量应为井管内存水体积的 2～3 倍。排水过程中应测量一些基本参数，如温度、pH、电导率等的变化，待这些参数达到稳定时再采样。参数达到稳定的标准：测量值不再持续升高或降低，而是在某一示值附近波动，波动幅度与所用仪器的测量精度一致。

分层观测井或钻井是比较理想的采样井，是获得不同含水层水样品的重要途径。同样，采样前也应排出井管内的存水。这类井的缺点是水流量通常较小，采样比较费时。此外，管内存水对采样质量的影响比较大，需格外注意。

3.2 样品的采集方法介绍

本书旨在揭示天山地区不同水体水化学特征、稳定同位素的时空分布特征，并借助多种示踪剂分析天山地区诸河流的径流组分特征及其影响因素。由于研究区域地域辽阔，为了更好地研究区域内不同典型水体的水化学及同位素的时空分布特征，本书主要采用两种方式集中采样及观测。第一种为分时段的大范围水体化学及稳定同位素采样，分别于 2011 年 9 月及 2012 年 5 月在整个天山地区各内陆河流域开展大范围的地表水、地下水、融冰融雪水的观测，同时在天山北坡的乌鲁木齐河流域，天山南坡的开都河流域、阿克苏河流域进行了分季节分高程的地表水、地下水采样。山区的采样点布设主要依据海拔，平原区的采样点布设的主要依据是距河源远近。另外，在流域内选取了天山南坡的乌鲁木齐河源 1 号冰川、西天山的托木尔峰青冰滩 72 号冰川、西昆仑山的慕士塔格峰冰川作为区域冰川样品的观测点。第二种观测方式是建立长期的观测站点，长期的观测样点布设主要集中于天山南坡、天山西坡、天山北坡。其中选择开都河流域黄水沟的出山口水文站——黄水沟水文站作为天山南坡的典型观测站点，在水文站开展长期的降水样品收集、河水样品定时收集、地下水样品定时收集。此外，选择阿克苏河流域两大支流的出山口水文站——协合拉水文站和沙里桂兰克水文站，作为天山西坡的典型观测站点，在这两个站点开展长期的降水、河水、地下水观测。同时选择天山北坡乌鲁木齐河流域的后峡水文站、英雄桥水文站作为天山北坡的典型观测站点，在这两个水文站，开展了长期的降水、河水和地下水观测采样。其中，2011 年 9 月共采集 62 个地表水样品，2012 年 5 月共采集 74 个地表水样品。长期水文监测点的水样采集每 5 天进行一次，遇有夏季连续降水时加密地表水的采集，阿克苏河流域的协合拉水文站共采集一个水文年内 78 个地表水的样品；同样是阿克苏河流域的沙里桂兰克水文站，在一个水文年内采集地表水样品共计 80 个；在天山南坡的黄水沟水文站，开展了长达三年的水样监测，共采集地表水样品 230 个；在天山北坡的乌鲁木齐河流域同样开展了长达三年的地表水观测，采集地表水样品共计 240 个(表 3.1)。

表 3.1　天山山地地表水样品采样点空间分布

采样地点	海拔/m	样品个数	采样时间段(年.月)
塔里木盆地	—	62	2011.09
塔里木盆地	—	74	2012.05
协合拉水文站	1444	78	2012.05~2013.05
沙里桂兰克水文站	2000	80	2012.05~2013.05
黄水沟水文站	1330	230	2013.05~2015.06
后峡水文站	2010	240	2012.01~2015.01

所采集的样品一般由两种采样瓶封装，每次水样采集时需要采集一个 500mL 的水化学样品及 2 个 15mL 的氢氧稳定同位素样品，水化学样品选用 500mL 的塑料采样瓶封存，氢氧稳定同位素样品选用避光的冻存管封存。所有的样品采集之后都用封口膜密封冷藏，放置于-4℃冰箱中，待分析时解冻融化分析。

3.3　样品的测试方法

3.3.1　水体化学的测试

本章所取水样中主要离子(Ca^{2+}、Mg^{2+}、Na^+、K^+、Cl^-、SO_4^{2-}、HCO_3^- 和 CO_3^{2-})以及 pH、可溶性盐浓度(EC)的测定，在中国科学院新疆生态与地理研究所荒漠与绿洲生态国家重点实验室进行。不同水体中的 pH 采用电位测定法，pH 测试选用 pHS-2C 酸度计。电导率采用 DDS-307 电导率仪测定。矿化度的测定方法为残渣烘干重量法。阳离子 Ca^{2+}、Mg^{2+}、Na^+、K^+ 测定采用电感耦合等离子体发射光谱仪(Perkin-Elmer Optima 5300DV ICP-OES)进行测定。主要阴离子 SO_4^{2-}、Cl^-、CO_3^{2-} 含量由离子色谱仪(SHIMADZULC-10AD)测定。HCO_3^- 的含量在取样后 24h 内用稀硫酸-甲基橙滴定法测定。水样分析前用 0.45μm 的滤膜过滤。高效液相色谱误差控制在 1mg/L 以内。

3.3.2　水体氢氧稳定同位素的测试

测定地表水及地下水稳定同位素(^{18}O 和 ^2H)的采样方法比较简单，用样品水清洗取样瓶 3 次后直接装瓶到 8mL 的玻璃瓶中密封保存，-4℃冷藏储存。取样样品可冷冻封存 2 年。雪样及冰川样品采集后迅速装到 500mL 采样瓶中，封口自然融化。

　　本研究中，氢氧稳定同位素的测定采用 Los Gatos Research(LGR)公司生产的便携式液态水氢氧稳定同位素分析仪(LGR DLT-100)，可以测量液态水中的稳定性同位素比值(图 3.1)。该仪器可以测量液态水样品中 ^{18}O 和 ^{16}O 与 ^2H 和 H 的质量比，精度极高。可选的全自动进样器可以连续进行液态水同位素的测量，而不需要人工工作。仪器可野外操作，因此适合水文、分析、生物科学等多种淡水和海水的测量研究工作。测量方法基于高分辨率的激光吸收光谱。仪器可提供准确的同位素比值的测量结果，具备测量范围宽泛的优点。

图 3.1　LGR 便携式液态水氢氧稳定同位素分析仪

　　对于无人值守、长期操作的应用，液态水同位素分析仪的内置计算机可以控制水的注入循环并储存数据到内置硬盘用于进一步的计算分析。数据可以利用 USB 设备或网络设备下载到计算机中。在 LGR 的仪器内，由两只高反射率的镜面构成的光腔中，经过反复反射，激光光路长达几千米，而不同的水分子在这样的光腔中有区分明显的吸收峰。δ^2H 和 $\delta^{18}O$ 的精度分别达到 0.3‰和 0.1‰，可以测量盐度至少为 1000mg/L 的水。

　　样品测试前要对水样品进行精细的前处理工序。液态水的稳定同位素测试仪应用于清洁水样(盐度范围 0～4mg/L)。其他样品的使用(如盐水和浑浊水)可能会破坏针头并残留在进样口，从而影响以后的测量，进而需要更频繁地清洁。如果测量含盐高的样品，必须交替使用淡水样品或标样以阻止过量的盐分累积。具体前处理步骤如下：

　　(1)如果样品包含可见的颗粒，使用精细过滤纸过滤样品，来去除任何可以污染仪器的颗粒；这时候需要注意的是许多天然样品都需要过滤，而实验室标准样品应该是清洁的。此外，包含高浓度污染物的样品需要更为仔细地处理(如挥发性有机物或蛋白)。

　　(2)使用 2mL 微量瓶(ϕ12mm×32mm)放入 0.5～1.5mL 水样品或标样(使用

一次性移液管，塑料或玻璃材质）；每个一次性移液管仅用于一个样品，以避免交叉污染。不要过量填充，避免样品进样体积的不正常。使用微量瓶插入物，可以调整针插入深度以避免针的损坏。

(3)立即盖上带有隔膜的盖子以避免分馏，并延长针的使用寿命。

(4)扔掉移液管。

(5)重复步骤(1)～步骤(4)，用于所有样品和标样。

3.4　主要研究方法介绍

3.4.1　同位素水文学研究方法

1)稳定同位素(氢、氧)比值分析

同位素比值的测量较为困难，需要相对精密的仪器。同位素浓度表示为：所测的样品(sample)质量比值减去标准样(reference)质量比值再除以标准样质量的比值。数学上，相对比值和真实值之间的误差被抵消。用 δ 表示，记作

$$\delta^{18}O_{sample} = \frac{m(^{18}O)_{sample}/m(^{16}O)_{sample} - m(^{18}O)_{reference}/m(^{16}O)_{reference}}{m(^{18}O)_{reference}/m(^{16}O)_{reference}} \quad (3.3)$$

由于分馏过程中同位素浓度不会发生很大的变化，因此 δ 可以表示为

$$\delta^{18}O_{sample} = \left[\frac{m(^{18}O)_{sample}/m(^{16}O)_{sample}}{m(^{18}O)_{reference}/m(^{16}O)_{reference}} - 1 \right] \times 1000\ ‰VSMOW \quad (3.4)$$

式中，VSMOW 是所有使用标准样的名称，这里用的是维也纳标准平均海水。当 δ 为正时，如+10‰VSMOW，表示样品中的 ^{18}O 比标准多千分之十或者百分之一，或者说，有 10‰的富集。类似地，如果一个样品有同样量的亏损，则表示为–10‰ VSMOW。

2)同位素径流分割模型

研究河川径流分割的方法包括图形法、时间步长法、电子滤波法、水文模型法、水量平衡法等，每种方法各具优缺点。其中，时间步长法已经编入基流自动分割程序(hydrograph separation program, HYSEP)，可进行自动分割，但是其缺乏严格的物理意义，使其应用受到限制。图形法主观性强，但是计算烦琐，不利于长时间尺度和大规模计算；水文模型法和水量平衡法的模型参数难以率定，在不同的地区应用时其可靠性与适用性也无法保证。同位素径流分割方法以环境同位素作为天然示踪剂，划分不同径流成分的组成比例。同位素径流分割是基于物理原理应用水体中自身成分和溶解物质研究径流组分的一种水文分割方法。同位素

径流分割经常用于二水源、三水源乃至多水源过程线分割，其中应用较普遍的是二水源分割模型与三水源混合模型。在本书中，三水源混合模型用于分割除融雪期之外的各个时段的径流。根据前人的研究，我国西北部广大内陆河流域径流大都由多种水源构成。其中，冰川融水，包括裂隙基岩水在内的地下水以及降水是组成西北干旱内陆河流域径流最主要的三个水源。但是，在西北地区每年春季与秋季，径流多会受到季节性融雪的影响，因此在进行径流分割过程中不同的时段选取不同的径流分割模型。其中，二水源径流分割模型主要应用于研究融雪期的径流组分。三水源径流分割模型应用于其他补给阶段。根据质量平衡方程和浓度平衡方程，可以将二水源同位素径流分割方法用式(3.5)表示：

$$
\begin{aligned}
Q_R &= Q_g + Q_s \\
Q_R \delta_R &= Q_g \delta_g + Q_s \delta_s
\end{aligned}
\tag{3.5}
$$

式中，Q 为融雪期径流量，m^3；Q_R、Q_g、Q_s 分别为总河流融雪期径流量、来源于地下水部分的融雪期径流量、融雪径流量，m^3；δ 为融雪期相应分量的同位素千分偏差。

选用三水源同位素径流分割模型(三水源分别为直接降水、冰雪融水、裂隙泉水或地下水)来计算总径流(除融雪期)中各水源的组成比例。利用 $\delta^{18}O$ 和水化学参数作为互补指示剂，进行三水源同位素径流分割。其基本方程为

$$
\begin{aligned}
Q_R &= Q_g + Q_p + Q_i \\
Q_R \delta_R &= Q_g \delta_g + Q_p \delta_p + Q_i \delta_i \\
Q_R C_R &= Q_g C_g + Q_p C_p + Q_i C_i
\end{aligned}
\tag{3.6}
$$

式中，下标 R、g、p 和 i 分别代表总河流流量、裂隙泉水或地下水、降水、冰雪融水；C 为总盐或者 Si 离子的浓度。同位素径流分割模型必须要满足几个条件：①分割所选取的参数必须在一段时期内具有稳定的值。②为了控制分割结果，所输入的参数必须选择两种不同的参数(一种是同位素值，另一种是水化学参数或者温度、pH、湿度等)。

年径流各组分的比例，采取加权平均法，即利用计算出来的每个季节、每天的径流组分的比例乘以对应时期的径流量，得出研究时期内各补给水源转化为径流的量。最后通过累加求得各季节、各月份、整年各水源转化为径流的量。

3.4.2　水化学研究方法

1)层序聚类分析法

层序聚类分析法可将复杂的数据进行分类，将数据层次区分，使数据简单明

了。层序聚类分析法运用于水化学分析中，可以将庞大的数据进行聚类，从而得出几大类水化学类型，为接下来的研究提供便利。层序聚类分析法运用于河流水化学研究时可直接对相似数据进行聚类，将数据依据水化学特征进行分类(Davis, 2002)。选取 HCO_3^-、Cl^-、SO_4^{2-}、Ca^{2+}、Mg^{2+}、Na^+、K^+ 质量浓度等 7 种变量进行分析，计算其欧几里得距离，计算方法为建立 N 维空间中二元函数的直线距离公式。依据函数所计算的值即为相似度度量值，其中 N 为水化学离子变量个数。选择离差平方和法(Ward's method, Ward's 法)，进一步计算方差，将数值间的差值降到最低，这样得到的聚类分析更加精细(Guler et al., 2002)。

2) Piper 三线图法

三线图首先是由 Piper 在 1944 年提出来的，故又称 Piper 三线图。该图以三组主要的阳离子(Ca^{2+}、Mg^{2+}、$Na^+ + K^+$)和阴离子(Cl^-、SO_4^{2-}、$HCO_3^- + CO_3^{2-}$)的每升毫克当量的百分数来表示。每幅图包括三个部分，左下方和右下方分别为两张等腰三角形域，中间上方夹着一张菱形域，每一域的边长均按照 100 等分读数。在左下方的等腰三角形域，三个主要阳离子反应值的百分数按三线坐标用一个单点表示。在右下方的等腰三角形域，阴离子亦用同样方法表示。Piper 三线图分为九个区域(图 3.2)：1 区碱土金属(Ca 与 Mg)超过碱金属；2 区碱金属超过碱土金属；3 区弱酸超过强酸；4 区强酸超过弱酸；5 区碳酸硬度(次生碱度)超过 50%，水体化学性质以碱土金属和弱酸为主；6 区非碳酸硬度(次生盐类)超过 50%；7 区非碳酸金属(原生盐度)超过 50%，水体化学性质以碱金属和强酸为主，海水和许多卤水均位于该区右侧顶点附近；8 区碳酸碱金属(原生碱度)超过 50%，分布在这里的水体相对于同样矿化度的水体来说是超软的；9 区没有一个阴离子和阳离子超过 50%。水体中化学成分分类的传统方法是以水中存在的主要离子为基础，用阴离子和阳离子的浓度来划分。

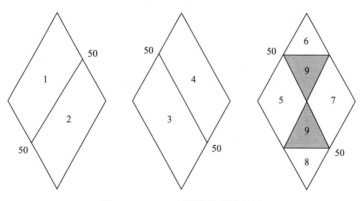

图 3.2　Piper 三线图菱形域分区

3) Gibbs 图法

Gibbs(1971)最早开始研究地球上的不同水体类型(包括海洋水、陆地水),研究水体的水化学构成和浓度变化时,分析总结了大量数据,最终得出:世界上大部分水体的水化学性质主要受三种控制因素的影响,即大气降水控制、不同类型的岩石风化影响控制、蒸发-浓缩控制。在判断具体受哪种控制因素影响时,Gibbs 通过一个函数图来判断,该方法就是现在运用非常广泛的水化学分析方法——Gibbs 图法。Gibbs 图是一种复合函数坐标图,纵坐标为溶解固体总量(total dissolved solids,TDS),也就是水体中溶解物质的总和,纵坐标刻度采用对数标注。横坐标有两个,分别为阳离子 $Na^+/(Na^++Ca^{2+})$ 和阴离子 $Cl^-/(Cl^-+HCO_3^-)$ 的质量浓度(mg/L)比。

对于离子起源的自然影响因素,Gibbs(1971)设计的 TDS 与 $Na^+/(Na^++Ca^{2+})$ 质量浓度比的关系图或 TDS 与 $Cl^-/(Cl^-+HCO_3^-)$ 质量浓度比的关系图能简单有效地判断河水中离子各种起源机制(大气降水、风化作用和蒸发-浓缩作用)的相对重要性。一般认为在 Gibbs 图中,如果低矿化度的河水(离子总量为 13mg/L 左右)具有较高的 $Na^+/(Na^++Ca^{2+})$ 质量浓度比或 $Cl^-/(Cl^-+HCO_3^-)$ 质量浓度比接近 1,那么此种河水的点分布在图的右下角,反映了该水体主要受大气降水影响;矿化度中等的河流(离子总量为 60~350mg/L)具有较低的 $Na^+/(Na^++Ca^{2+})$ 质量浓度比或 $Cl^-/(Cl^-+HCO_3^-)$ 质量浓度比(小于 0.5),代表此种河水的点分布在图的中部左侧,反映了该水体主要影响因素为可溶性岩石的风化作用;可溶性岩石含量非常高的河流又具有较高的 $Na^+/(Na^++Ca^{2+})$ 质量浓度比或 $Cl^-/(Cl^-+HCO_3^-)$ 质量浓度比(接近 1),代表此种河水的点分布在图的右上角,反映了该水体的主要控制因素为蒸发-浓缩作用,一般分布于干旱强蒸发地区(栾风娇等,2017;邵杰等,2017;左禹政等,2017)。Gibbs 图也初步反映出一般水体的水化学性质的控制因素要考虑可溶性岩石的风化作用,一般陆地上的可溶性岩石有碳酸盐岩、硅酸盐岩、硫酸盐岩及多种蒸发岩类,如石膏石、盐岩。

3.4.3　水汽来源分析方法

对于天气与气候系统,大气中的水汽是降水最为重要的组成部分。大气水汽循环是水循环过程中重要的一环,水汽在循环过程中通过相变不仅影响自身的稳定同位素组成,也影响降水中稳定同位素的含量。水汽因在产生、运移以及形成降水的全过程中受到各种环境的影响而有差异,所以不同来源的水汽所形成降水中的同位素组成不同。目前,判断水汽来源的手段主要有:①利用气象台站探空和地面观测资料来判断;②利用美国国家环境预报中心(National Centers for Environmental Prediction, NCEP)/国家大气研究中心(National Center for Atmospheric Research, NCAR)再分析气候资料来判断;③环境学方法;④同位素和地球化学方法。

气流轨迹是指大气气团在一定时间内的运动路径，可以用来分析降水气团的来源和传播途径。本书中的气流轨迹采用美国国家海洋与大气管理局(National Oceanic and Atmospheric Administration, NOAA)空气资源实验室(Air Resources Laboratory, ARL)开发的混合单粒子拉格朗日积分轨迹模型进行模拟。时间分辨率为 12h 一次，水平分辨率为 2.5°×2.5°。采用后向轨迹法模拟，方式选择是 web 模拟。

3.4.4 气候变化研究方法

1. 趋势检验方法

应用趋势检验方法分析研究区各个气象要素的多年变化趋势，本书的趋势检验采用 Mann-Kendall 趋势检验。计算标准化的检验统计量用 Z_c 值表示：在用 Mann-Kendall 检验进行趋势检验时，检验的统计变量 S 计算如下：

$$S=\sum_{t=1}^{n-1}\sum_{k=i+1}^{n} \mathrm{sgn}(x_k - x_i)$$

式中，

$$\mathrm{sgn}(\theta) = \begin{cases} 1, & \theta > 0 \\ 0, & \theta = 0 \\ -1, & \theta < 0 \end{cases} \tag{3.7}$$

其中，S 为正态分布，均值为 0，方差为

$$\mathrm{Var}(S) = \frac{n(n-1)(2n+5)p - \sum_t t(t-1)(2t+5)}{18} \tag{3.8}$$

式中，t 为任意给定节点的范围。当 $n > 10$ 时，Z_c 收敛于正态分布，并通过下式计算：

$$Z_c = \begin{cases} \dfrac{S-1}{\sqrt{\mathrm{Var}(S)}}, & S > 0 \\ 0, & S = 0 \\ \dfrac{S+1}{\sqrt{\mathrm{Var}(S)}}, & \theta < 0 \end{cases} \tag{3.9}$$

其中，当 $|Z_c| > Z(1-a/2)$ 时，则在显著性水平 a 上拒绝无趋势假定，其中，

$Z_c(1-a/2)$ 是概率超过 $a/2$ 时标准正态分布值。例如，若 $a=0.05$，则当 $|Z_c|>1.96$ 时，趋势具有该水平上的显著性。其中，变化趋势的大小可用 Kendall 倾斜度 β 来表示，其计算公式为

$$\beta = \text{Median}\left(\frac{x_i - x_j}{i - j}\right), \quad \forall j < i \tag{3.10}$$

2. 相关分析

相关分析用于描述两个变量之间关系的密切程度，其反映的是控制了其中一个变量的取值后，另一个变量的变异程度。相关分析的主要目的是研究变量之间关系的密切程度，并根据样本的资料推断总体是否相关。研究中用经典的 Pearson 相关系数来反映两个变量间的密切程度。

Pearson 相关系数的计算公式为

$$r = \frac{\sum\limits_{i=1}^{n}(x_i - \overline{x})(y_i - \overline{y})}{\sqrt{\sum\limits_{i=1}^{n}(x_i - \overline{x})^2(y_i - \overline{y})^2}} \tag{3.11}$$

3. 小波分析

小波分析可用于研究具有趋势性、周期性等特征并存在随机性、突变性以及"多时间尺度"结构的时间序列分析，能清晰地揭示出隐藏在降水气温、湿度等非平稳时间序列中的各种变化周期，反映时间序列在不同时间尺度中的变化趋势，并能对时间序列未来发展趋势进行定性和定量估计(杨义等，2017；王涛等，2016)。

1) 方法概述

傅里叶分析是小波分析的来源。经典的傅里叶分析的本质是将任意一个关于时间 t 的函数 $f(t)$ 变换到频域上：

$$F(w) = \int_{\mathbf{R}} f(t)\mathrm{e}^{twt}\mathrm{d}t \tag{3.12}$$

式中，w 为频率；$\mathbf{R}$ 为实数域。$F(w)$ 确定了 $f(t)$ 在整个时间域上的频率特征。可见，经典的傅里叶分析是一种频域分析。对时间域上分辨不清的信号，通过频域分析便可以清晰地描述信号的频率特征。因此，从 1822 年傅里叶分析问世以来，

得到十分广泛的应用，上面讲到的谱分析就是傅里叶分析方法。但是，经典的傅里叶变换有其固有缺陷，它几乎不能获取信号在任一时刻的频率特征。这里就存在时域与频域的局部化矛盾。在实际问题中，人们恰恰十分关心信号在局部范围内的特征，这就需要寻找时频分析方法。

1964 年 Gabor 引入了窗口傅里叶变换：

$$\widetilde{F}(w,b) = \frac{1}{\sqrt{2\pi}} \int_{\mathbf{R}} f(t)\overline{\Psi}(t-b)\mathrm{e}^{twt}\mathrm{d}t \tag{3.13}$$

式中，函数 $\Psi(t)$ 是固定的，称为窗函数；$\overline{\Psi}(t)$ 是 $\Psi(t)$ 的复数共轭；b 是时间参数。由式(3.13)可知，为了达到时间域上的局部化，在基本变换函数之前乘上一个时间有限的时限函数 $\Psi(t)$。这样 e^{-twt} 起到频限作用，$\Psi(t)$ 起时限作用。随着时间 b 的变换，确定的时间窗在 t 轴上移动，逐步对 $f(t)$ 进行变换。从式(3.13)中看出，窗口傅里叶变换是一种窗口大小及形状均固定的时频局部分析，它能够提供整体上和任一局部时间内信号变化的强弱程度。带通滤波就属于这类方法。窗口傅里叶变换的窗口大小及形状固定不变，因此局部化只是一次性的，不可能灵敏地反映信号的突变。事实上，反映信号高频成分需用窄的时间窗，低频成分用宽的时间窗在加窗傅里叶变换局部化思想基础上产生了窗口大小固定、形状可以改变的时频局部分析——小波分析。

2) 小波分析

若函数 $\Psi(t)$ 是满足下列条件的任意函数：

$$\int_{\mathbf{R}} \Psi(t)\mathrm{d}t = 0$$

$$\int_{\mathbf{R}} \frac{\left|\hat{\Psi}(w)\right|^2}{|w|}\mathrm{d}w < \infty \tag{3.14}$$

式中，$\hat{\Psi}(w)$ 是 $\Psi(t)$ 的频谱。令

$$\Psi_{a,b}(t) = |a|^{-\frac{1}{2}}\Psi\left(\frac{t-b}{a}\right) \tag{3.15}$$

为连续小波，Ψ 称为基本小波或母小波，是双窗函数，一个是时间窗，一个是频率窗。$\Psi_{a,b}(t)$ 的振荡随 $\frac{1}{|a|}$ 增大而增大。因此，a 是频率参数，b 是时间参数，表示波动在时间上的平移。

函数 $f(t)$ 小波变换的连续形式为

$$w_f(a,b) = |a|^{-\frac{1}{2}} \int_{\mathbf{R}} f(t)\overline{\varPsi}\left(\frac{t-b}{a}\right)\mathrm{d}t \qquad (3.16)$$

由式(3.16)可知，小波变换函数是通过对母小波的伸缩和平移得到的。小波变换的离散形式为

$$w_f(a,b) = |a|^{-\frac{1}{2}} \Delta t \sum_{i=1}^{n} f(i\Delta t)\varPsi\left(\frac{i\Delta t}{a}\right) \qquad (3.17)$$

式中，Δt 为取样间隔；n 为样本量。离散化的小波变换构成标准正交系，从而扩充了实际应用的领域。

小波方差为

$$\mathrm{Var}(a) = \sum (w_f)^2(a,b) \qquad (3.18)$$

由连续小波变换下信号的基本特性证明，下面两个函数是母小波。

(1)Harr 小波：

$$\varPsi(t) = \begin{cases} 1, & 0 \leqslant t < \dfrac{1}{2} \\[2mm] -1, & \dfrac{1}{2} \leqslant t < 1 \\[2mm] 0, & \text{其他} \end{cases}$$

(2)墨西哥帽小波：

$$\varPsi(t) = (1-t^2)\frac{1}{\sqrt{2\pi}}\mathrm{e}^{-\frac{t^2}{2}}, \quad -\infty < t < \infty$$

3)计算步骤

离散表达式的小波变换计算步骤如下：

(1)根据研究问题的时间尺度确定频率参数 a 的初值和 a 增长的时间间隔。

(2)选定并计算母小波函数。

(3)将确定的频率 a、研究对象序列 $f(t)$ 及母小波函数 $\varPsi(t)$ 代入式(3.16)，算出小波变换 $w_f(a,b)$，在编程计算 $w_f(a,b)$ 时，要做两重循环，一个是关于时间参数 b 的循环，另一个是关于频率参数 a 的循环。

4)计算结果分析

小波分析既保持了傅里叶分析的优点，又弥补了某些不足。原则上讲，过去使用傅里叶分析的地方，均可以由小波分析取代。从上面方法概述可知，小波分析实际上是将一个一维信号在时间和频率两个方向上展开，这样就可以对气候系统的时频结构进行细致的分析，提取有价值的信息。小波系数与时间和频率有关，因此可以将小波分析结果绘制为二维图像。当然，对结果的分析还需凭借对小波分析的系统认识。根据作者个人的体会，对小波变换结果可以做以下几方面的分析：

(1)利用分辨率是可调的这一特性，对我们感兴趣的细小部分进行放大。从而可以十分细致地分析系统的局部结构任一点附近的振荡特征，如分析某一波长振荡的强度等。

(2)在小波系数呈现振荡处分辨局地的奇异点，确定序列不同尺度变化的时间位置，提供突变信号，由此可以进行序列的阶段性分析，并为气候预测提供信息。

(3)从平面图上同时给出不同长度的周期随时间的演变特征，认识不同尺度的扰动特性，由此判断序列存在的显著周期。

(4)利用小波方差可以更准确地诊断出多长周期的振动最强。另外，从分段的小波方差中推断某一时段内多长周期的振动最突出。

第4章 天山山区气候变化特征

4.1 气候基本特征

狭义上气候是指天气的平均状况,严格意义上是指在某一个时期内对相关变量的均值和变率做出的统计描述,而一个时期可能是几个月、几千年甚至几百万年不等。通常是选择世界气象组织定义的30年期以上统计各个变量均值来表征这一"时期"的概念。这些相关量通常是地表变量,如气温、降水和风等。广义上,气候就是气候系统的状态,包括统计上的描述(IPCC, 2013)。气候变化是指气候平均态统计学意义上的巨大改变或者持续较长一段时间(典型的为10年或更长)的气候变动。气候变化由自然的内部改变或外部条件所驱动,或者是人类活动对大气组成成分和土地利用的改变导致的。

全球气候变暖已成为社会各界的共识,过去130年来全球地表平均增温0.85℃,变暖最快的区域为北半球中纬度地区(Ji et al., 2014),而我国1951~2009年的地表平均增温1.38℃,远高于全球和北半球同期平均增温速率(Chen et al., 2014a)。位于我国西北的干旱区处于欧亚大陆腹地,是对全球气候变化较敏感的地区之一,过去半个世纪,我国西北干旱区气温每10年上升0.34℃,明显高于全球平均水平(0.12℃/10a)(IPCC, 2013)。分析研究表明,20世纪60~80年代,我国西北地区平均气温增加幅度较小,在20世纪80年代后期气温明显上升;1987年,西北干旱区年均温度出现了急剧升高,并以每10年升高0.517℃的速率在加速增温。自1997年以来,温度一直保持在较高水平,升温趋势不十分明显。其中,冬季气温变化是导致年平均气温升高的主要因素,它的贡献率达57.01%(Chen et al., 2014b)。西北干旱区年平均温度升高可能是冬季温度的大幅度升高造成的(陈亚宁等,2014)。但由于气候背景、区域特征和气候驱动力等因素的差异,不同区域对全球变暖响应的幅度和时空特征等也表现出明显的地域性差异(Lisi et al., 2015;蓝永超等,2014;刘栎杉等,2014)。近年来,有关天山地区气温变化的大量研究结果表明,天山地区气温呈波动性上升,且冬季增温幅度较大,过去几十年来持续增温(Chen et al., 2014b; Li et al., 2013; Wang et al., 2011; Piao et al., 2010)。

除气温的剧烈变化之外,20世纪50年代至今,西北干旱区的降水量同样出现增长趋势。20 世纪 60～80 年代，降水量变化总体比较稳定，在 1987 年降水量呈现快速增加，年降水量增加速率达 9.7mm/10a(Chen et al., 2014b)。90 年代是西北干旱区过去半个世纪最为湿润的 10 年，而在 21 世纪初 10 年，西北干旱区降水量的增加幅度不明显，并且与 20 世纪 90 年代相比，大概有 45%的台站的降水量出现减少趋势。同时，西北干旱区蒸发潜力在 1993 年也出现了一个明显的转折，由明显下降转变为明显上升。到 21 世纪，气候变暖、蒸发量加大对西北干旱区生态效应产生极大的影响(Li Q et al., 2014; Wang et al., 2013; Zhao et al., 2011)。除对西北干旱内陆地区整体的研究之外，国内一些研究人员对天山山区气候变化的特征也开展了一定的研究。例如，袁晴雪等(2006)发现天山山区 1959～2000 年降水存在 3 个 "干-湿" 周期性变化，蓝永超等(2007)研究了天山山区 1960～2005 年水循环要素的变化及趋势，发现 1980 年以来山区降水呈明显上升趋势，西天山南坡是近期降水增幅最大的区域。普宗朝等(2009)指出 1971～2006 年天山山区气候呈较明显的暖湿化趋势，降水在 1986 年发生突变性增大。

天山区域深居欧亚大陆腹地，山体阻挡使来自太平洋的东南季风、印度洋的西南季风和北冰洋气流难以进入，随西风环流而来的大西洋水汽成为西北干旱区唯一的水汽来源，该区具有降水少且时空分布极不均匀(西段多，东段少；北坡多，南坡少)、温差大、潜在蒸发量高等典型的大陆性干旱和半干旱气候特征。天山山区多年平均气温为 7.71℃，大部分气象站点年平均气温在 0℃ 以上，海拔 2000m 以上的巴音布鲁克站、大西沟站和吐尔尕特站除外。多年平均年降水量为 189.58mm。全区平均相对湿度在 55%左右，变化区间为 33%～71%。多年平均年日照时数为 2904h，变化区间 2357～4122h。多年平均最大积雪深度为 15.70cm，基本在 10～20cm 波动，个别气象站多年最大积雪深度平均值在 30cm 以上。Mann-Kendall 趋势检验和一元线性回归分析表明，区域平均的年平均气温、年降水量和年最大积雪深度均存在显著的增加趋势，而年平均相对湿度和年日照时数存在显著降低趋势(李雪梅等, 2016)。

受全球气候变化的影响，天山山区气温存在显著的增暖趋势，且增暖幅度明显高于全国水平。天山山区气温增幅较高，增幅低于 0.22℃/10a 的站点只有哈密、奇台、天池、温泉和乌鲁木齐五个站点。天山山区气温增温幅度受海拔高度影响，海拔越高，增温幅度越低，增温幅度大的气象站点均位于海拔 2000m 以下，而海拔 2000m 以上的 4 个气象站增温幅度在 0.21～0.32℃/10a，相对较低。天山山区平均相对湿度趋势变化不均一，出现局部的湿度增加或降低现象。相对湿度和海拔具有一定的相关关系，海拔越高，湿度越大。但是湿度的增减与否随海拔变化不明显。天山山区日照时数在空间上变化不一致，但整体来看整个区域呈现出显著的黯化特征，黯化幅度随海拔增加而增大(李雪梅等，2016)。

天山独特的地形特征造就了其气候要素的巨大空间异质性，具有明显的气候垂直差异，新疆地区的降水主要集中在山区，而天山是中亚干旱区最重要的水源地，素有"中亚水塔"之称，高大的山形拦阻了较多的可承接水汽，降水较多，处于南北疆气候过渡带，是最大的降水区域。如天山中山带年降水量达300mm 以上，新疆 70%的河流源于天山山区(Meng et al., 2017)。研究表明，天山地区降水呈增加趋势(韩雪云等，2013)。据气象站降水记录估算，多年平均降水变化率为 60mm/10a。然而，由于地形、纬度、海拔等地理因素的影响，其空间分布极为复杂，局地特征亦明显不同，影响机制多样。天山地区年降水呈现出"西多东少，北多南少"的特征，伊犁河流域年均降水量明显高于其他地区，天山北坡年均降水量较高。天山北坡和南坡的中高山地区降水量为200～300mm。天山南坡的中低山区或沙漠盆地边缘年均降水量普遍偏少，不足 100mm。另外，天山地区降水还体现了时间上的波动。天山地区年降水处于增加趋势，且西天山大于东天山。年降水增加速率最大的区域主要集中在西天山。中、西天山北坡的降水增加速率大于 10mm/10a。东天山东南坡降水呈现减少趋势(刘友存等，2017)。值得注意的是，在不同海拔和不同时间段，降水有不同的变化趋势。1992 年以前，海拔 2000m 以下地区的降水呈增加趋势，2000m 以上高海拔地区的降水呈减少趋势；在 1992 年以后，除海拔 1000m 以下地区的降水呈减少趋势外，其他海拔的降水均呈现增加趋势。

多种模型模拟结果显示，如果 CO_2 的排放量以 1%/a 的速率递增，中亚干旱区平均温度的上升将超过全球平均上升水平的 40%(Aðalgeirsdóttir et al., 2005)。在全球气候变暖的大前提下，西北干旱区以冰雪融水为基础的水资源系统非常脆弱。气候变化造成的水资源量及其时空分布的变动，会使得干旱区水资源与生产力分布产生空间不匹配，同时人口的增加和水土资源的不合理开发，使得西北干旱区水资源供需矛盾更加尖锐(Richard, 2008)。西北干旱区水系统脆弱，同时全球气候变暖使得极端气候水文事件发生频率和强度增加，加剧了西北干旱区内陆河流域的水文波动和水资源的不确定性。

以上国内学者的研究极大地丰富了对天山气候变化特征的认识，具有一定的实际意义。为了更加系统地认识天山地区气候变化过程，解释气候变化下不同水体的水化学氢氧稳定同位素的变化，本书选取中天山地区区域内 10 个气象站 1958～2012 年气温和降水数据，分析本区域的气候变化特征。

4.2 气温变化特征

4.2.1 气温年际变化趋势

根据 1958～2012 年中天山各站点年均温变化曲线(图 4.1)可知，55 年来，中天山区域年均温的波动幅度均较大，整体及各部分均出现不同程度的上升趋势。其中，南坡年均温上升幅度最大，其次为整体、北坡，内部最小，南坡的年均温整体较高，而内部较低。1958～2012 年，整体及南北坡的年均温均在 2010 年左右达到过去 50 年的最大值，当年整体年均温为 11.3℃，北坡为 10.9℃，南坡为 15.1℃。年均最低温出现的年份不同，整体在 1984 年出现最低温，当年平均气温为 6.1℃。北坡的最低温出现在 1960 年，当年平均气温为 5.3℃。内部最低温出现在 1984 年，当年平均气温为-0.51℃。南坡平均最低温出现在 1976 年，当年平均气温为 9.8℃。

从地域分布看，中天山区域年均温变化趋势的空间分布差异较小，各区域均呈现显著的升温趋势。中天山北坡气温上升最为明显，气温变化率在 0.047～0.052℃/a；南坡气温变化率主要在 0.035～0.047℃/a；内部偏西地区气温变化率小于 0.035℃/a，正中部分气温变化率较大，达到了 0.047℃/a 以上(图 4.2)。

根据 1958～2012 年的中天山区域四季均温变化情况(图 4.3)，这 55 年中，中天山区域四季季均温的波动幅度均较大，春夏秋冬四季均出现不同程度的上升。其中，春季均温上升幅度最大，其次为夏季、冬季，秋季均温上升幅度最小。1958～2012 年，春季均温在 1998 年达到最大值，为 21.5℃；平均最低温

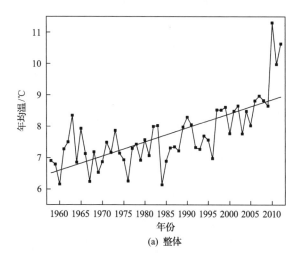

(a) 整体

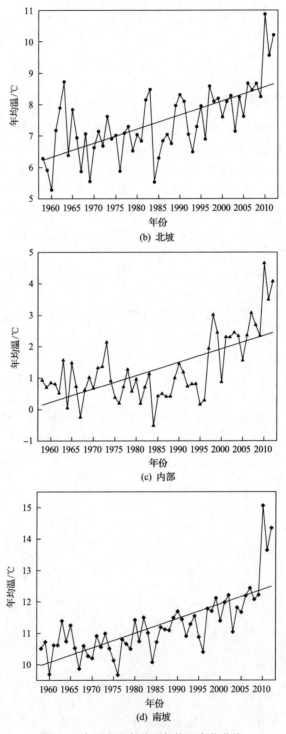

图 4.1　中天山及各分区年均温变化曲线

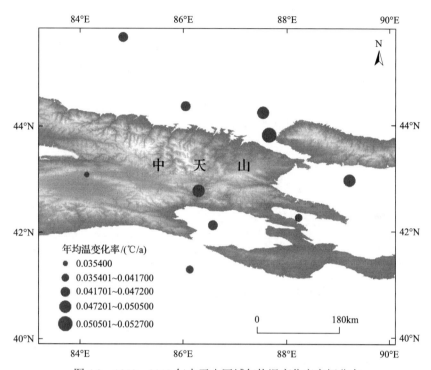

图 4.2　1958～2012 年中天山区域年均温变化率空间分布

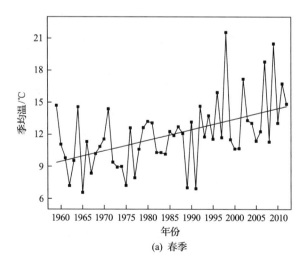

(a) 春季

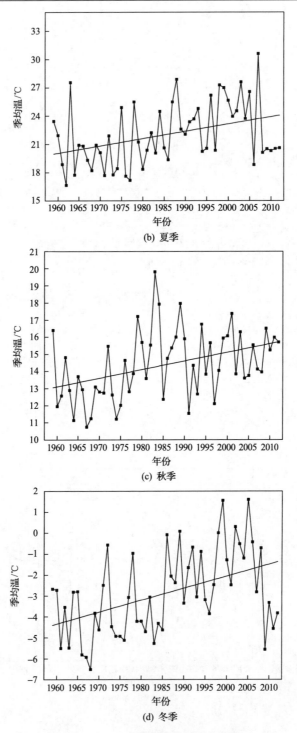

图 4.3　中天山区域四季均温变化趋势

出现在 1965 年，为 6.6℃。夏季均温在 2007 年达到最大值，为 30.6℃；平均最低温出现在 1962 年，为 16.6℃。秋季均温在 1983 年达到最大值，为 19.8℃；平均最低温出现在 1967 年，为 10.8℃。冬季均温在 2005 年达到最大值，为 1.6℃；平均最低气温出现在 1968 年，为–6.5℃。

由表 4.1 可看出，中天山区域气温年代际变化也比较明显，夏季均温为 22.1℃，冬季均温为–2.8℃。20 世纪 60 年代至 21 世纪初，年均温及各季节季均温均出现上升趋势。与 20 世纪 60 年代平均气温相比，21 世纪初天山春季均温上升最多，升高了 4.2℃；年均温升高幅度较小，升高了 1.6℃。春季，70 年代均温较 60 年代增长了 0.6℃；夏季，没有出现增长，秋季、冬季增长了 1.2℃。80 年代较 70 年代，夏季增长幅度最大，同比增长了 2.4℃。90 年代比 80 年代年均温增长 0.4℃，春、夏和冬季均温都出现了不同程度增长，但是秋季均温出现了下降，下降 1.6℃。21 世纪初较 20 世纪 90 年代均温增幅总体不是很大，春季和秋季都出现小幅增长，冬季均温没有出现增长，夏季均温出现了降低，减少了 0.2℃。

表 4.1　中天山区域年及各季节季均温　　　　（单位：℃）

时间	全年	春季	夏季	秋季	冬季
1961～1970 年	7.2	10.0	20.1	12.6	–4.7
1971～1980 年	7.2	10.6	20.1	13.8	–3.5
1981～1990 年	7.4	11.3	22.5	15.9	–3.0
1991～2000 年	7.8	13.0	23.9	14.3	–1.5
2001～2010 年	8.8	14.2	23.7	15.0	–1.5
多年平均值	7.7	11.8	22.1	14.3	–2.8

由表 4.2 可知，从季节变化看，55 年来中天山及各部分区域年以及春夏秋冬四季季均温均呈现上升趋势。中天山内部区域秋冬两季气温变化率大于年平均气温变化率，春夏两季气温变化率小于年平均气温变化率，其中冬季升温趋势最明显，气温变化率达 0.438℃/a；秋季次之，气温变化率为 0.352℃/a；再者为夏季，气温变化率为 0.257℃/a；春季最弱，气温变化率为 0.227℃/a。中天山北坡和南坡春季升温明显，气温变化率分别为 2.313℃/a 和 0.437℃/a；中天山北坡冬季升温趋势最弱，气温变化率为 0.859℃/a，而中天山南坡在秋季升温趋势最弱，气温变化率为 0.192℃/a。

表 4.2　1958～2012 年中天山各区域年及四季平均气温变化率　　　　（单位：℃/a）

区域	全年	春季	夏季	秋季	冬季
内部	0.325	0.227	0.257	0.352	0.438
北坡	1.323	2.313	1.772	0.961	0.859
南坡	0.337	0.437	0.3	0.192	0.281

　　中天山区域春季气温变化率的整体空间差异较小(图4.4)。其中，中天山北坡区域气温变化率较其他两个区域变化幅度较大，变化率为0.2～0.39℃/a；乌鲁木齐站气温升温趋势最明显，气温变化率达0.39℃/a，其次为石河子站和蔡家湖站，分别为0.07℃/a和0.03℃/a，克拉玛依站升温趋势最不明显，气温变化率为0.02℃/a。中天山南坡地区气温变化率为0.01～0.03℃/a，其中吐鲁番站气温升温趋势最明显，气温变化率达0.03℃/a，其次为焉耆站和库尔勒站，分别为0.024℃/a和0.021℃/a，库米什站升温趋势最不明显，气温变化率为0.012℃/a。中天山内部气温变化上升趋势较为明显，两个代表地区(巴音布鲁克和巴仑台)上升幅度大体一致，气温变化率达0.02℃/a。

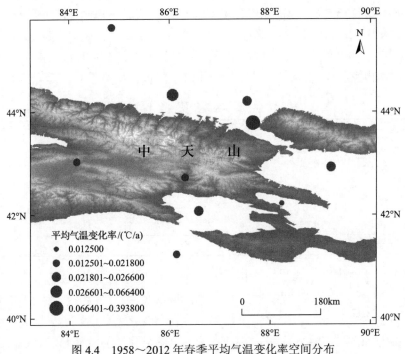

图4.4　1958～2012年春季平均气温变化率空间分布

　　中天山区域夏季气温1958～2012年的变化率整体空间差异也较小(图4.5)，呈现微弱上升的趋势。其中，中天山北坡区域气温变化率较其他两个区域变化幅度较大，变化率在0.0024～0.1126℃/a；其中乌鲁木齐气温升温趋势最明显，气温变化率达0.1126℃/a，其次为石河子和蔡家湖，分别为0.032℃/a和0.0103℃/a，克拉玛依升温趋势最不明显，气温变化率为0.0104℃/a。中天山南坡区域气温变化率整体在0.0024～0.0265℃/a，其中库尔勒气温升温趋势最明显，气温变化率达0.0264℃/a，其次为焉耆和库米什，分别为0.0232℃/a和0.0175℃/a，吐鲁番升温趋势最不明显，气温变化率为0.0024℃/a。中天山区域气温变化上升趋势较为明显，两个代表区域上升幅度大体一致，气温变化率达0.026℃/a。

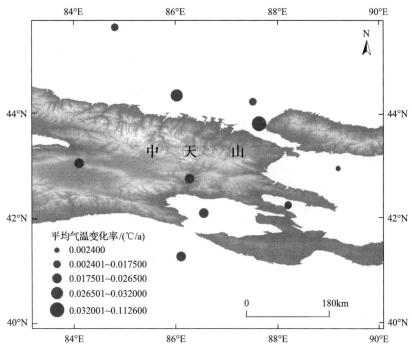

图 4.5 1958～2012 年夏季平均气温变化率空间分布

1958～2012 年，中天山区域秋季气温变化率的整体空间差异较大(图 4.6)，气温变化均呈显著上升趋势。其中，仍然是中天山北坡区域气温变化率较其他两个区域变化幅度较大，变化率为 0.037～0.229℃/a；而乌鲁木齐气温升温趋势最明显，气温变化率达 0.229℃/a，其次为石河子和蔡家湖，分别为 0.052℃/a 和 0.046℃/a，克拉玛依升温趋势最不明显，气温变化率为 0.037℃/a。中天山南坡地区秋季气温变化率整体在 0.037～0.229℃/a，其中吐鲁番气温升温趋势最明显，气温变化率达 0.0428℃/a，其次为焉耆和库米什，分别为 0.0409℃/a 和 0.0318℃/a，库尔勒升温趋势最不明显，气温变化率为 0.0196℃/a。中天山气温变化上升趋势较为明显，两个代表地区上升幅度有较大差异，气温变化率分别为 0.0504℃/a、0.0207℃/a。

1958～2012 年，中天山区域冬季气温变化率的整体空间差异较大(图 4.7)，气温变化均呈现上升趋势。中天山北坡区域气温变化率较其他两个区域变化幅度较大，变化率为 0.0289～0.1409℃/a。其中，乌鲁木齐气温升温趋势依旧最明显，气温变化率达 0.1409℃/a，其次为石河子和克拉玛依，分别为 0.0439℃/a 和 0.0413℃/a，蔡家湖升温趋势最不明显，升温速率为 0.0315℃/a。天山南坡地区冬季气温变化率整体在 0.0315～0.0772℃/a。其中，吐鲁番气温升温趋势最明显，气温变化率达 0.0772℃/a，其次为焉耆和库米什，分别为 0.0528℃/a 和 0.0425℃/a，库尔勒升温趋势最不明显，气温变化率为 0.0397℃/a。中天山区域气温变化上升趋势较为明显，两个代表区域上升幅度有较大差异，气温变化率分别为 0.0492℃/a 和 0.0289℃/a。

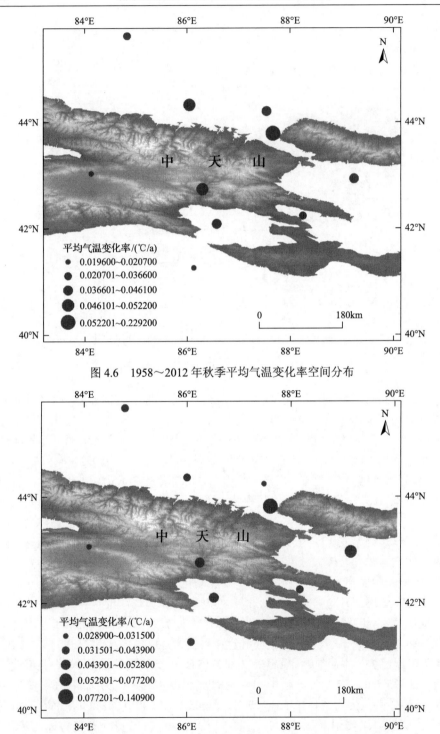

图4.6 1958～2012年秋季平均气温变化率空间分布

图4.7 1958～2012年冬季平均气温变化率空间分布

4.2.2　气温年际周期变化特征

　　Morlet 小波系数等值线图能清晰反映气候序列的多时间尺度变化，而小波方差图则可以呈现序列变化的干扰强度和主周期(潘国营等，2015)。为探讨 1958～2012 年天山地区的气温和降水的周期变化特征，本书运用 Morlet 小波分析法，借助 MATLAB 软件，分别对中天山区域整体、北坡、南坡、内部进行气候变化的周期分析，绘制小波系数等值线图和小波方差图，解析天山区域气温和降水的周期性。

　　据图可知，中天山区域整体的多年平均气温为 7.73℃，年际变化较小(Cv=0.13)。从年均温 Morlet 小波分析可以看出(图 4.8(a)、(b))，天山地区整体的年均温周期交替振荡变化十分强烈，大尺度下嵌套复杂的小尺度，存在 5～11 年、28～33 年的周期变化。中心尺度主要为 28～33，这对应该序列变化过程中明显存在的主要周期，为年代际变化，且在该尺度上，振荡中心分别位于 20 世纪 60 年代中

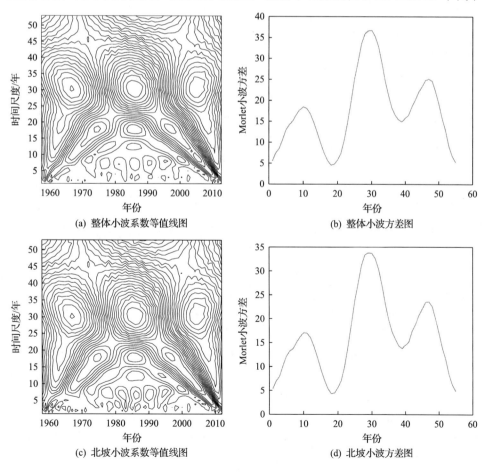

(a) 整体小波系数等值线图　　　　　　　　(b) 整体小波方差图

(c) 北坡小波系数等值线图　　　　　　　　(d) 北坡小波方差图

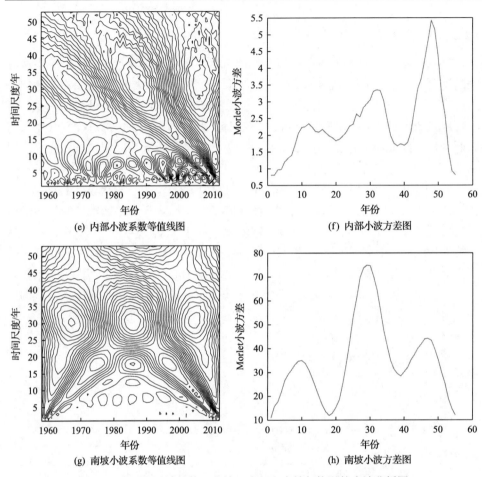

图 4.8　中天山区域整体、北坡、内部和南坡年均温的小波分析图

期、20 世纪 80 年代中期、21 世纪初，年均温经历了 6 个升高降低交替变化过程，且周期变化在整个分析时段表现非常稳定，具有全域性；小尺度对应年际变化，中心尺度为 5～11 年，在这个尺度上，年均温存在 5 个振荡中心。小波方差分析结果表明，存在 2 个明显的峰值点，分别对应 10 年和 30 年的时间尺度，其中 30 年的时间尺度为最大峰值，说明 30 年左右的周期振荡最强，信号扰动强度最为强烈，是年均温的主周期，10 年对应着第 2 次周期。

中天山区域北坡多年平均气温为 7.44℃，年际变化程度大于区域整体（Cv=0.15）。从小波系数等值线图（图 4.8(c)、(d)）上可看出，北坡年均温存在明显的大尺度和小尺度的相互嵌套，其中大尺度对应年代际变化，中心尺度为 28～33 年，小尺度对应年际变化，中心尺度为 5～11 年。其中，28～33 年尺度上，振荡中心分别位于 20 世纪 60 年代末期、20 世纪 80 年代中期、21 世纪初，年均温经历了 6 个升高降低交替变化过程，周期变化在整个研究时段表现稳定，具有全域性；5～11 年尺度上，信号序列位相正负变化更加频繁，存在 5 个振荡中心。从小波方差图上看出，存在 2 个明显的峰值点，分别对应 10 年和 30 年的时间尺度，其中最大峰值对应 30 年的时间尺度，说明 30 年左右的周期振荡最强，是年均温的主周期，另一个峰值点对应的周期尺度为 10 年，为第 2 次周期。

中天山区域内部多年平均气温为 1.29℃，气温远低于北坡，年际变化较大(Cv=0.82)。从年均温 Morlet 小波分析(图 4.8(e)、(f))可以看出，中天山内部年均温周期交替振荡变化十分强烈，大尺度下嵌套着复杂的小尺度，存在 7～12 年、28～35 年的周期变化。中心尺度主要为 28～35 年，这对应该序列变化过程中明显存在的主要周期，为年代际变化，且在该尺度上，振荡中心分别位于 20 世纪 70 年代初期、20 世纪 80 年代中期、21 世纪初，年均温经历了 6 个升高降低交替变化过程，且周期变化在整个分析时段表现得非常稳定，具有全域性；小尺度对应年际变化，中心尺度为 7～12 年，在这个尺度上年均温存在 10 个振荡中心。小波方差分析结果表明，存在 2 个明显的峰值点，分别对应 12 年和 32 年的时间尺度，其中最大峰值对应 32 年的时间尺度，说明 32 年左右的周期振荡最强，信号扰动强度最为强烈，是年降水量的主周期，12 年对应第 2 次周期。

中天山区域南坡多年平均气温为 11.23℃，远高于北坡和内部，年际变化程度在所有区域尺度中最小(Cv=0.09)。从南坡年均温 Morlet 小波分析的小波系数等值线图(图 4.8(g))可看出，南坡年均温存在明显的大尺度和小尺度的相互嵌套，其中大尺度对应年代际变化，中心尺度为 26～35 年，小尺度对应年际变化，中心尺度为 3～8 年。其中，28～35 年尺度上，振荡中心分别位于 20 世纪 60 年代中期、20 世纪 80 年代中期、21 世纪初，年均温经历了 6 个升高降低交替变化过程，周期变化在整个研究时段表现稳定，具有全域性；8～15 年尺度上，存在 4 个振荡中心。从小波方差图(图 4.8(h))上看出，存在 1 个明显的峰值点，对应 30 年的时间尺度，其中最大峰值对应 30 年的时间尺度，说明 30 年左右的周期振荡最强，是年均温的主周期。

由中天山区域整体四季度季均温的小波分析图(图 4.9)可知，中天山区域四季气温在过去 60 年的周期变化特征。其中，中天山整体春季多年平均气温为 12.01℃，年际变化较小(Cv=0.26)。从年均温 Morlet 小波分析(图 4.9(a)、(b))可以看出，中天山整体春季均温周期交替振荡变化十分强烈，大尺度下嵌套着复杂的小尺度，存在 5～10 年、28～35 年的周期变化。中心尺度主要为 28～35 年，对应该序列变化过程中明显存在的主要周期，为年代际变化，且在该尺度上振荡中心分别位于 20 世纪 60 年代中期、20 世纪 80 年代中期、21 世纪初期，季均温经历了 6 个升高降低交替变化过程，且周期变化在整个分析时段表现得非常稳定，具有全域性；小尺度对应年际变化，中心尺度为 5～10 年，在这个尺度上，季均温存在 10 个振荡中心。小波方差分析结果表明，存在 2 个明显的峰值点，分别对应 8 年和 28 年的时间尺度，其中最大峰值对应着 28 年的时间尺度，说明 28 年左右的周期振荡最强，信号扰动强度最为强烈，是季均温的主周期，8 年对应着第 2 次周期。

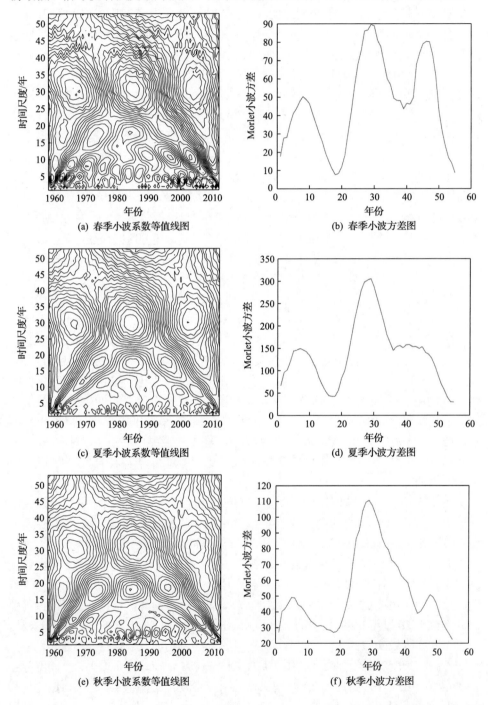

(a) 春季小波系数等值线图

(b) 春季小波方差图

(c) 夏季小波系数等值线图

(d) 夏季小波方差图

(e) 秋季小波系数等值线图

(f) 秋季小波方差图

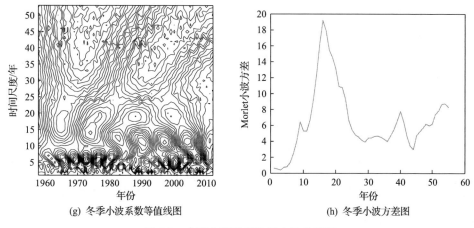

(g) 冬季小波系数等值线图　　　　　　(h) 冬季小波方差图

图 4.9　中天山整体季均温小波分析图

中天山整体的夏季多年平均气温为 22.03℃，年际变化程度与春季相差不大 (Cv=0.15)。中天山整体夏季均温 Morlet 小波分析的小波系数等值线图和小波方差图如图 4.9(c)、(d)所示。从小波系数等值线图上可看出，夏季均温存在明显的大尺度和小尺度的相互嵌套，其中大尺度对应年代际变化，中心尺度为 24～35 年，小尺度对应年际变化，中心尺度为 5～10 年。其中，24～35 年尺度上，振荡中心分别位于 20 世纪 60 年代中期、20 世纪 80 年代中期、21 世纪初，年均温经历了 6 个升高降低交替变化过程，周期变化在整个研究时段表现稳定，具有全域性；5～10 年尺度上，信号序列位相正负变化更加频繁，存在 5 个振荡中心。从小波方差图上看出，存在 2 个明显的峰值点，分别对应 7 年和 30 年的时间尺度，其中最大峰值对应 30 年的时间尺度，说明 30 年左右的周期振荡最强，是年均温的主周期，另一个峰值点对应的周期尺度为 7 年，为第 2 次周期。

中天山整体的秋季多年平均气温为 14.37℃，年际变化很小(Cv=0.14)。从中天山秋季均温 Morlet 小波分析(图 4.9(e)、(f))可以看出，秋季均温周期交替振荡变化十分强烈，大尺度下嵌套着复杂的小尺度，存在 5～10 年、28～35 年的周期变化。中心尺度主要为 28～35 年，对应该序列变化过程中明显存在的主要周期，为年代际变化，且在该尺度上，振荡中心分别位于 20 世纪 70 年代初期、20 世纪 80 年代中期、21 世纪初，年均温经历了 6 个升高降低交替变化过程，且周期变化在整个分析时段表现得非常稳定，具有全域性；小尺度对应着年际变化，中心尺度为 5～10 年，在这个尺度上年均温存在 5 个振荡中心。小波方差分析结果表明，存在 2 个明显的峰值点，分别对应 5 年和 30 年的时间尺度，其中最大峰值对应 30 年的时间尺度，说明 30 年左右的周期振荡最强，信号扰动强度最为强烈，是秋季均温的主周期，5 年对应第 2 次周期。

中天山整体的冬季多年平均气温为–2.87℃，年际变化程度在所有季度中最大（Cv=0.68）。中天山整体冬季均温 Morlet 小波分析的小波系数等值线图和小波方差图如图 4.9(g)、(h)所示。从小波系数等值线图上可看出，冬季均温存在明显的大尺度和小尺度的相互嵌套，其中大尺度对应年代际变化，中心尺度为 15~24 年，小尺度对应年际变化，中心尺度为 5~8 年。其中，15~24 年尺度上，振荡中心分别位于 20 世纪 60 年代中期、20 世纪 70 年代中期、20 世纪 90 年代初期、21 世纪初期，年均温经历了 8 个升高降低交替变化过程，周期变化在整个研究时段表现稳定，具有全域性；5~8 年尺度上，存在 12 个振荡中心。从小波方差图上看出，存在 2 个明显的峰值点，分别对应 8 年、18 年的时间尺度，其中最大峰值对应 18 年的时间尺度，说明 18 年左右的周期振荡最强，是年均温的主周期，另一个峰值点对应的周期尺度为 8 年，为第 2 次周期。

据中天山区域北坡春夏秋冬四季度季均温的小波分析图(图 4.10)可知，中天山北坡春季多年平均气温为 29.80℃，年际变化较小(Cv=0.30)。从北坡春季均温 Morlet 小波分析可以看出，北坡春季均温周期交替振荡变化十分强烈，大尺度下嵌套着复杂的小尺度，存在 5~10 年、25~35 年的周期变化。中心尺度主要为 25~35 年，这对应着该序列变化过程中明显存在的主要周期，为年代际变化，且在该尺度上，振荡中心分别位于 20 世纪 60 年代中期、20 世纪 80 年代中期、21 世纪初期，季均温经历了 6 个升高降低交替变化过程，且周期变化在整个分析时段表现得非常稳定，具有全域性；小尺度对应年际变化，中心尺度为 5~10 年，在这个尺度上，季均温存在 13 个振荡中心。小波方差分析结果表明，存在 2 个明显的峰值点，分别对应 8 年和 30 年的时间尺度，其中最大峰值对应 30 年的时间尺度，说明 30 年左右的周期振荡最强，信号扰动强度最强烈，是季均温的主周期，8 年对应第 2 次周期。

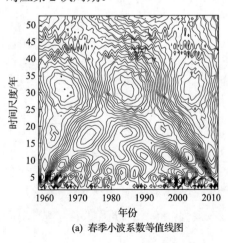

(a) 春季小波系数等值线图

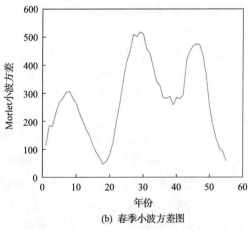

(b) 春季小波方差图

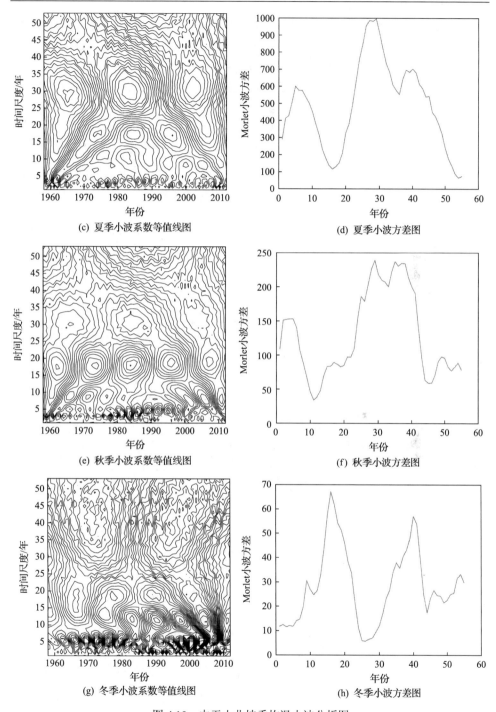

(c) 夏季小波系数等值线图　　　　　　(d) 夏季小波方差图

(e) 秋季小波系数等值线图　　　　　　(f) 秋季小波方差图

(g) 冬季小波系数等值线图　　　　　　(h) 冬季小波方差图

图 4.10　中天山北坡季均温小波分析图

　　中天山北坡夏季多年平均气温为39.51℃，年际变化程度比春季稍低(Cv=0.24)。从小波系数等值线图(图4.10(c))上可看出，夏季均温存在明显的大尺度和小尺度的相互嵌套，其中大尺度对应年代际变化，中心尺度为27～33年，小尺度对应年际变化，中心尺度为3～5年。其中，27～33年尺度上，振荡中心分别位于20世纪60年代中期、20世纪80年代中期、21世纪初，季均温经历了6个升高降低交替变化过程，周期变化在整个研究时段表现稳定，具有全域性；3～5年尺度上，信号序列位相正负变化更加频繁，存在14个振荡中心。从小波方差图(图4.10(d))上看出，存在2个明显的峰值点，分别对应5年和28年的时间尺度，其中最大峰值对应28年的时间尺度，说明28年左右的周期振荡最强，是年均温的主周期，另一个峰值点对应的周期尺度为5年，为第2次周期。

　　中天山北坡秋季多年平均气温为21.63℃，年际变化很小(Cv=0.27)。如图4.10(e)、(f)所示，秋季均温周期交替振荡变化十分强烈，大尺度下嵌套着复杂的小尺度，存在2～5年、15～20年、28～35年的周期变化。中心尺度主要为28～35年，对应该序列变化过程中明显存在的主要周期，为年代际变化，且在该尺度上振荡中心分别位于20世纪70年代初期、20世纪80年代中期、21世纪初，年均温经历了6个升高降低交替变化过程，且周期变化在整个分析时段表现得非常稳定，具有全域性；小尺度对应年际变化，中心尺度为2～5年，在这个尺度上年均温存在15个振荡中心。小波方差分析结果表明，存在3个明显的峰值点，分别对应3年、18年和30年的时间尺度，其中最大峰值对应30年的时间尺度，说明30年左右的周期振荡最强，信号扰动强度最为强烈，是秋季均温的主周期，5年和18年分别对应第2次、第3次周期。

　　中天山北坡冬季多年平均气温为-2.90℃，年际变化较小(Cv=0.17)。从小波系数等值线图(图4.10(g))上可看出，冬季均温存在明显的大尺度和小尺度的相互嵌套，其中大尺度对应年代际变化，中心尺度为16～20年，小尺度对应年际变化，中心尺度为3～8年。其中，16～20年尺度上，振荡中心分别位于20世纪60年代中期、20世纪70年代中期、20世纪90年代初期、21世纪初，年均温经历了8个升高降低交替变化过程，周期变化在整个研究时段表现稳定，具有全域性；3～8年尺度上，存在11个振荡中心。从小波方差图(图4.10(h))上看出，存在3个明显的峰值点，分别对应6年、10年、18年的时间尺度，其中最大峰值对应18年的时间尺度，说明18年左右的周期振荡最强，是年均温的主周期，其余峰值点对应的周期尺度为10年和6年，分别对应第2次和第3次周期。

　　中天山内部春季多年平均气温为3.48℃，年际变化较小(Cv=0.32)。由图4.11(a)、(b)可知，中天山内部春季均温周期交替振荡变化十分强烈，大尺度下嵌套着复杂的小尺度，存在5～10年，28～35年的周期变化。中心尺度主要为28～35

年，对应该序列变化过程中明显存在的主要周期，为年代际变化，在该尺度上，振荡中心分别位于 20 世纪 70 年代初期、20 世纪 80 年代中期、21 世纪初，季均温经历了 6 个升高降低交替变化过程，且周期变化在整个分析时段表现得非常稳定，具有全域性；小尺度对应年际变化，中心尺度为 5～10 年，在这个尺度上，季均温存在 8 个振荡中心。小波方差分析结果表明，存在 2 个明显的峰值点，分别对应 10 年和 30 年的时间尺度，其中最大峰值对应 30 年的时间尺度，说明 30 年左右的周期振荡最强，信号扰动强度最为强烈，是季均温的主周期，10 年对应着第 2 次周期。

中天山内部夏季多年平均气温为 14.18℃，年际变化很小（Cv=0.04）。从小波系数等值线图（图 4.11（c））上可看出，夏季均温存在明显的大尺度和小尺度的相互嵌套，其中大尺度对应年代际变化，中心尺度为 27～33 年，小尺度对应年际变化，中心尺度为 15～20 年。其中，27～33 年尺度上，振荡中心分别位于 20 世纪 60 年代中期、20 世纪 80 年代中期、21 世纪初，季均温经历了 6 个升高降

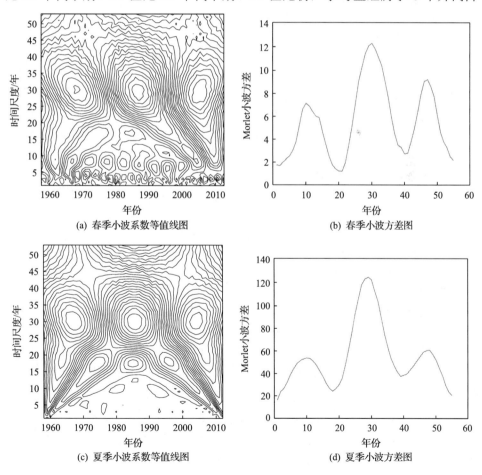

(a) 春季小波系数等值线图　　　　　　　　(b) 春季小波方差图

(c) 夏季小波系数等值线图　　　　　　　　(d) 夏季小波方差图

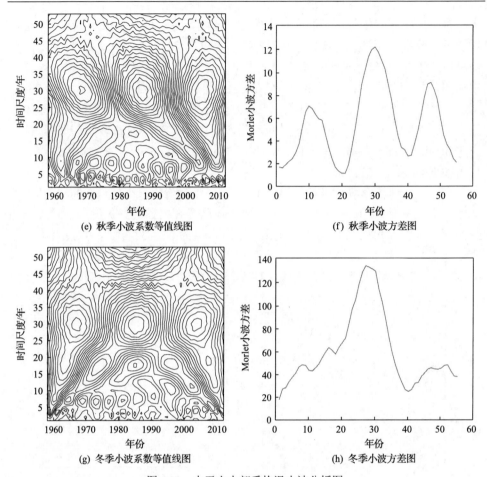

(e) 秋季小波系数等值线图　　　　　　(f) 秋季小波方差图

(g) 冬季小波系数等值线图　　　　　　(h) 冬季小波方差图

图 4.11　中天山内部季均温小波分析图

低交替变化过程，周期变化在整个研究时段表现稳定，具有全域性；15～20 年尺度上，信号序列位相正负变化更加频繁，存在 4 个振荡中心。从小波方差图(图 4.11(d))上看出，存在 1 个明显的峰值点，对应 30 年的时间尺度，其中最大峰值对应 30 年的时间尺度，说明 30 年左右的周期振荡最强，是年均温的主周期。

　　中天山内部秋季多年平均气温为 2.13℃，年际变化相对较大(Cv=0.56)。由图 4.11(e)、(f)可知，中天山内部秋季均温周期交替振荡变化十分强烈，大尺度下嵌套着复杂的小尺度，存在 2～8、10～15、28～35 年的周期变化。中心尺度主要为 28～35 年，对应该序列变化过程中明显存在的主要周期，为年代际变化，且在该尺度上，振荡中心分别位于 20 世纪 60 年代末期、20 世纪 80 年代中期、21 世纪初，年均温经历了 6 个升高降低交替变化过程，且周期变化在整个分析时段表现得非常稳定，具有全域性；小尺度对应年际变化，中心尺度为 2～8 年，在这个尺度上年均温存在 13 个振荡中心。小波方差分析结果表明，存在 2

个明显的峰值点，分别对应 10 年和 31 年的时间尺度，其中最大峰值对应 31 年的时间尺度，说明 31 年左右的周期振荡最强，信号扰动强度最为强烈，是秋季均温的主周期，10 年对应第 2 次周期。

中天山内部冬季多年平均气温为 -15.07℃，年际变化很小(Cv=0.13)。由图 4.11(g)、(h)可知，中天山内部冬季均温存在明显的大尺度和小尺度的相互嵌套，其中大尺度对应年代际变化，中心尺度为 28～34 年，小尺度对应年际变化，中心尺度为 5～10 年。其中，28～34 年尺度上，振荡中心分别位于 20 世纪 60 年代中期、20 世纪 80 年代中期、21 世纪初，年均温经历了 6 个升高降低交替变化过程，周期变化在整个研究时段表现稳定，具有全域性；5～10 年尺度上，存在 6 个振荡中心。从小波方差图上可以看出，存在 3 个明显的峰值点，分别对应 8 年、18 年、30 年的时间尺度，其中最大峰值对应 30 年的时间尺度，说明 30 年左右的周期振荡最强，是年均温的主周期，其余峰值点对应的周期尺度为 18 年和 8 年，分别对应第 2 次和第 3 次周期。

中天山南坡春季多年平均气温为 2.74℃，年际变化较小(Cv=0.35)。由图 4.12(a)、(b)可知，中天山南坡春季均温周期交替振荡变化十分强烈，大尺度下嵌套着复杂的小尺度，存在 2～10 年、25～35 年的周期变化。中心尺度主要为 25～35 年，对应该序列变化过程中明显存在的主要周期，为年代际变化，且在该尺度上，振荡中心分别位于 20 世纪 60 年代末期、20 世纪 80 年代中期、21 世纪初，季均温经历了 6 个升高降低交替变化过程，且周期变化在整个分析时段表现得非常稳定，具有全域性；小尺度对应年际变化，中心尺度为 5～10 年，在这个尺度上，季均温存在 11 个振荡中心。小波方差分析结果表明，存在 2 个明显的峰值点，分别对应 9 年和 30 年的时间尺度，其中最大峰值对应 30 年的时间尺度，说明 30 年左右的周期振荡最强，信号扰动强度最为强烈，是季均温的主周期，9 年对应第 2 次周期。

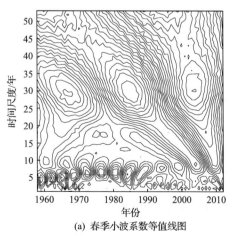

(a) 春季小波系数等值线图

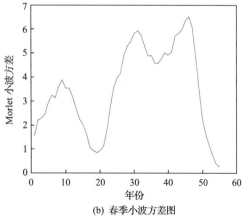

(b) 春季小波方差图

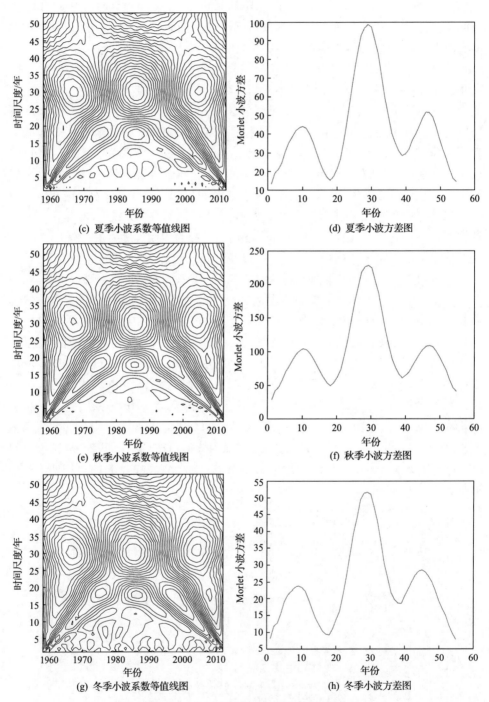

图 4.12　中天山南坡季均温小波分析图

中天山南坡夏季多年平均气温为 12.40℃，年际变化很小（Cv=0.06）。由图 4.12(c)、(d)可知，中天山南坡夏季均温存在明显的大尺度，对应年代际变化，中心尺度为 25～35 年，振荡中心分别位于 20 世纪 60 年代中期、20 世纪 80 年代中期、21 世纪初，季均温经历了 6 个升高降低交替变化过程，周期变化在整个研究时段表现稳定，具有全域性。从小波方差图上看出，存在 1 个明显的峰值点，对应 30 年的时间尺度，是年均温的主周期。

中天山南坡秋季多年平均气温为 19.37℃，年际变化四季度中最小（Cv=0.03）。由图 4.12(e)、(f)可知，中天山南坡秋季均温周期交替振荡变化十分强烈，28～35 年的周期变化。中心尺度为 28～35 年，对应该序列变化过程中明显存在的主要周期，为年代际变化，且在该尺度上，振荡中心分别位于 20 世纪 60 年代中期、20 世纪 80 年代中期、21 世纪初期，年均温经历了 6 个升高降低交替变化过程，且周期变化在整个分析时段表现得非常稳定，具有全域性。小波方差分析结果表明，存在 1 个明显的峰值点，对应 30 年的时间尺度，是秋季均温的主周期。

中天山南坡冬季多年平均气温为 9.35℃，年际变化很小（Cv=0.08）。由图 4.12(g)、(h)可知，中天山南坡冬季均温存在明显的大尺度周期，对应年代际变化，中心尺度为 28～34 年。28～34 年尺度上，振荡中心分别位于 20 世纪 60 年代中期、80 年代中期、21 世纪初期，年均温经历了 6 个升高降低交替变化过程，周期变化在整个研究时段表现稳定，具有全域性。从小波方差图上看出，存在 1 个明显的峰值点，对应 30 年的时间尺度，是年均温的主周期。

4.2.3　气温变化趋势和突变点分析

中天山四区域尺度年均温变化趋势的 Mann-Kendall 趋势检验结果（表 4.3）表明，中天山整体、北坡、内部、南坡年均温年际升高趋势显著，气温变化率皆近似为 0.04℃/a，且全部通过 a=0.05 的显著性检验。就年均温变化趋势显著性而言，中天山南坡（|Z|=6.33）、整体（|Z|=5.95）、北坡（|Z|=4.98）、内部（|Z|=4.05）依次减弱。四地域年均温变化均没有检测出突变点。

表 4.3　中天山年均温变化趋势及突变检验结果

区域	趋势检验					突变年份
	气温变化率/(℃/a)	趋势	|Z|值	$Z_{a/2}$ 值	显著性	H_0[①]	
中天山整体	0.04	递增	5.95	1.96	显著	R	1998[②]
中天山北坡	0.04	递增	4.98	1.96	显著	R	2003[②]
中天山内部	0.04	递增	4.05	1.96	显著	R	2005[②]
中天山南坡	0.04	递增	6.33	1.96	显著	R	1996[②]

①H_0，即原假设，指年际变化趋势不明显；显著性检验水平 a=0.05；R 代表拒绝原假设。
②表示突变年份通过 0.05 的显著性检验水平。

中天山整体不同季节均温年际变化趋势的 Mann-Kendall 趋势检验结果（表 4.4）表明，中天山四季度季均温升高趋势皆显著，气温变化率从大到小依次为春（0.08℃/a）、夏（0.07℃/a）、秋（0.05℃/a）、冬（0.05℃/a）。就季均温变化趋势显著性而言，春季（|Z|=3.21）、秋季（|Z|=3.03）、冬季（|Z|=2.96）、夏季（|Z|=2.48）依次减弱。四季度季均温变化均具有显著的突变点，但发生突变的时间不尽一致，春季为 1993 年，夏季为 1984 年，秋季为 1978 年，冬季为 1985 年。突变后时段与突变前时段相比，春夏秋冬四季度季均温多年均值分别相差 3.25℃、2.95℃、2.17℃、2.05℃。

表 4.4　中天山整体季均温年际变化趋势及突变检验结果

季度	趋势检验						突变年份
	气温变化率/(℃/a)	趋势	|Z|值	$Z_{a/2}$ 值	显著性	H_0[①]	
春季	0.08	递增	3.21	1.96	显著	R	1993[②]
夏季	0.07	递增	2.48	1.96	显著	R	1984[②]
秋季	0.05	递增	3.03	1.96	显著	R	1978[②]
冬季	0.05	递增	2.96	1.96	显著	R	1985[②]

①H_0，即原假设，指年际变化趋势不明显；显著性检验水平 a=0.05；R 代表拒绝原假设。
②表示突变年份通过 0.05 的显著性检验水平。

中天山北坡季均温年际变化趋势的 Mann-Kendall 趋势检验结果（表 4.5）表明，春季、秋季、冬季季均温升高趋势显著，气温变化率分别为 0.18℃/a、0.09℃/a、0.11℃/a，夏季虽然表现出升高趋势，但未通过 a=0.05 的显著性检验。就季均温变化趋势显著性而言，春季（|Z|=2.28）、冬季（|Z|=2.22）、秋季（|Z|=2.14）依次减弱。四季度季均温变化均具有显著的突变点，但发生突变的时间不尽一致，春季为 1993 年，夏季为 1983 年，秋季为 1978 年，冬季为 1982 年。突变后时段与突变前时段相比，春夏秋冬四季度季均温多年均值分别相差 7.46℃、7.16℃、5.46℃、3.57℃。

表 4.5　中天山北坡季均温年际变化趋势及突变检验结果

季度	趋势检验						突变年份
	气温变化率/(℃/a)	趋势	|Z|值	$Z_{a/2}$ 值	显著性	H_0[①]	
春季	0.18	递增	2.28	1.96	显著	R	1993[②]
夏季	0.16	递增	1.81	1.96	不显著	A	1983[②]
秋季	0.09	递增	2.14	1.96	显著	R	1978[②]
冬季	0.11	递增	2.22	1.96	显著	R	1982[②]

①H_0，即原假设，指年际变化趋势不明显；显著性检验水平 a=0.05；A 代表接受原假设；R 代表拒绝原假设。
②表示突变年份通过 0.05 的显著性检验水平。

中天山内部季均温年际变化趋势的 Mann-Kendall 趋势检验结果（表 4.6）表明，春夏秋冬四季度季均温升高趋势显著，春夏秋三季度气温变化率皆为 0.03℃/a，冬季为 0.05℃/a。就季均温年际变化趋势显著性而言，夏季（|Z|=5.34）、秋季（|Z|=3.23）、冬季（|Z|=2.61）、春季（|Z|=2.41）依次减弱。四季度季均温变化均具有显著的突变点，但发生突变的时间不尽一致，春夏两季皆为 1997 年，秋季为 1993 年，冬季为 2002 年。突变后时段与突变前时段相比，春夏秋冬四季度季均温多年均值分别相差 1.30℃、0.96℃、0.74℃、2.10℃。

表 4.6 中天山内部季均温年际变化趋势及突变检验结果

季度	趋势检验						突变年份
	气温变化率/(℃/a)	趋势	|Z|值	$Z_{a/2}$ 值	显著性	H_0[①]	
春季	0.03	递增	2.41	1.96	显著	R	1997[②]
夏季	0.03	递增	5.34	1.96	显著	R	1997[②]
秋季	0.03	递增	3.23	1.96	显著	R	1993[②]
冬季	0.05	递增	2.61	1.96	显著	R	2002[②]

①H_0，即原假设，指年际变化趋势不明显；显著性检验水平 a=0.05；R 代表拒绝原假设。
②表示突变年份通过 0.05 的显著性检验水平。

中天山南坡季均温年际变化趋势的 Mann-Kendall 趋势检验结果（表4.7）表明，春夏秋冬四季度季均温升高趋势显著，春季气温变化率为 0.04℃/a，夏冬两季皆为 0.03℃/a，秋季为 0.02℃/a。就季均温年际变化趋势显著性而言，春季（|Z|=5.65）、冬季（|Z|=4.71）、秋季（|Z|=4.41）、夏季（|Z|=4.39）依次减弱。四季度季均温变化均具有显著的突变点，但发生突变的时间不尽一致，春季为 1990 年，夏季为 1993 年，秋季为 2003 年，冬季为 1989 年。突变后时段与突变前时段相比，春夏秋冬四季度季均温多年均值分别相差 1.33℃、0.99℃、0.89℃、0.89℃。

表 4.7 中天山南坡季均温年际变化趋势及突变检验结果

季度	趋势检验						突变年份
	气温变化率/(℃/a)	趋势	|Z|值	$Z_{a/2}$ 值	显著性	H_0[①]	
春季	0.04	递增	5.65	1.96	显著	R	1990[②]
夏季	0.03	递增	4.39	1.96	显著	R	1993[②]
秋季	0.02	递增	4.41	1.96	显著	R	2003[②]
冬季	0.03	递增	4.71	1.96	显著	R	1989[②]

①H0，即原假设，指年际变化趋势不明显；显著性检验水平 a=0.05；R 代表拒绝原假设。
②表示突变年份通过 0.05 的显著性检验水平。

4.3　降水变化特征

4.3.1　降水年际变化趋势

我国干旱地区水循环过程的重要环节之一是降水。作为"中亚水塔"的天山山区，气候变化背景下的降水的变化都会深刻地对中亚地区的生态、人文环境造成影响。从 1958～2012 年中天山及其不同区域年降水量的变化情况(图 4.13)可知，中天山区域年降水量的波动幅度均较大，中天山整体及各部分均出现不同程度的上升。其中，中天山内部年降水量上升幅度最大，其次为北坡、整体，中天山南坡年降水量上升幅度最小，几乎趋于水平。中天山内部年降水量整体较高，南坡较低。1958～2012 年，中天山整体年降水量在 1998 年达到最大值，最大年降水量为 190.05mm；1967 年为降水量最小年，降水 96.15mm。中天山北坡年降水量在 1987 年达到最大值，最大年降水量为 272.13mm；1974 年为降水量最小年，降水 107.9mm。中天山内部年降水量在 1999 年达到最大值，最大年降水量为 372.95mm；1985 年为降水量最小年，降水 144.5mm。中天山南坡年降水量在 1998 年达到最大值，最大年降水量为 87.95mm；1968 年为降水量最小年，降水 23.375mm。

从地域分布看，中天山区域年降水量变化趋势的空间分布地区差异较小，仅南坡的吐鲁番呈现减少趋势，降水量变化率为 0.0835mm/a；中天山其他区域均呈现上升趋势，其内部地区整体上升趋势明显，降水量变化率为 0.52～0.98mm/a 之间。中天山北坡乌鲁木齐增加趋势最为明显，降水量变化率达 1.31mm/a，其他均保持在 0.019401～0.519900mm/a(图 4.14)。

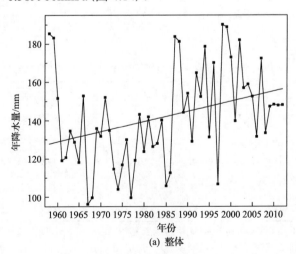

(a) 整体

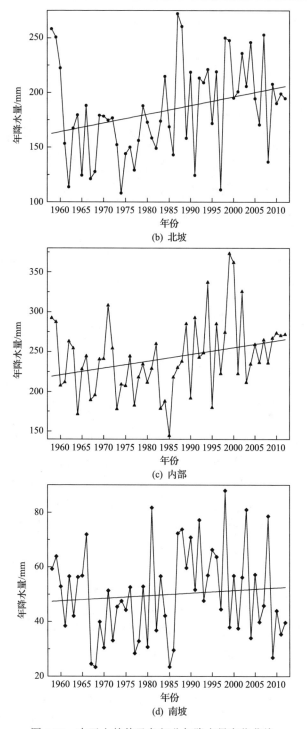

图 4.13　中天山整体及各部分年降水量变化曲线

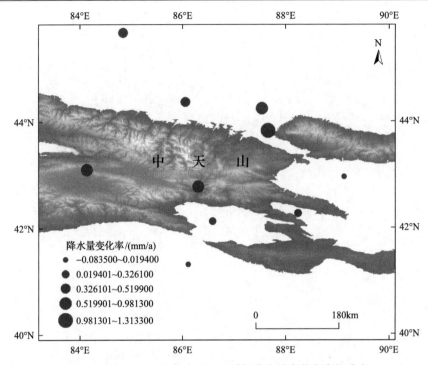

图 4.14　1958～2012 年中天山区域年降水量变化率空间分布

　　中天山区域四季平均降水量的波动幅度均较大，春夏秋冬四季均出现不同程度的上升。其中夏季平均降水量上升幅度最大，其次为春季、冬季，秋季平均降水量上升幅度最小。1958～2012 年，春季平均降水量在 1998 年达到最大值，为63.67mm；平均最低降水量出现在 1975 年，为 15.8mm。夏季平均降水量在 1999年达到最大值，为 107.14mm；平均最低降水量出现在 1977 年，为 38.71mm。秋季平均降水量在 1987 年达到最大值，为 46.92mm；平均最低降水量出现在 1991年，为 7.29mm。冬季平均降水量在 1999 年达到最大值，为 25.17mm；平均最低降水量出现在 1967 年，为 1.4mm（图 4.15）。

　　中天山降水量季节变化比较明显，夏季平均降水量为 69.2mm，冬季为11.4mm。20 世纪 60 年代至 21 世纪初期，年均降水量及各季节降水量均呈现上升趋势。根据季节比较来看，相比于 20 世纪 60 年代平均降水量，21 世纪初（2001～2010 年）中天山夏季平均降水量上升最多，升高了 9.4mm。年平均降水量升高幅度最大，升高了 28.4mm。20 世纪 60～70 年代年均降水量没有出现明显变化，春季和夏季年均降水量均出现不同程度的减少，春季减少 2.6mm，夏季减少 7.6mm。秋、冬季较春、夏两季均出现增长，秋季增长 6.6mm，冬季增长 3.8mm。20 世纪80 年代较 70 年代夏季上升幅度最大，升高了 7.1mm。20 世纪 90 年代比 80 年代

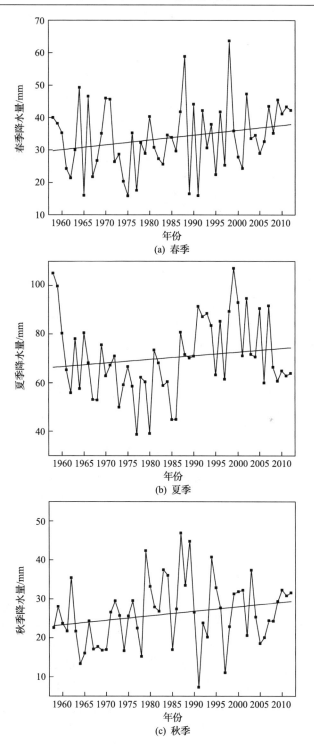

(a) 春季

(b) 夏季

(c) 秋季

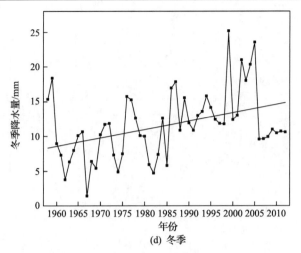

(d) 冬季

图 4.15　中天山区域四季平均降水量变化曲线

年均降水量升高 16.4mm，春、夏和冬季年均降水量都出现了不同程度上升，但是秋季平均降水量出现了下降，下降 7.5mm。21 世纪初较 20 世纪 90 年代年均降水量和夏季平均降水量出现下降趋势，分别下降了 6.4mm 和 10.7mm。秋季和冬季都出现小幅增长，春季增长幅度较大，增长了 2.3mm（表 4.8）。

表 4.8　1961～2010 年中天山区域不同年代平均降水量　　（单位：mm）

年代	全年	春季	夏季	秋季	冬季
1961～1970	123.6	31.7	64.9	20.1	6.9
1971～1980	123.8	29.1	57.3	26.7	10.7
1981～1990	142.0	34.3	64.4	32.4	10.9
1991～2000	158.4	34.4	85.0	24.9	14.1
2001～2010	152.0	36.7	74.3	26.4	14.6
多年平均值	140.0	33.2	69.2	26.1	11.4

　　从季节变化来看，中天山及各区域春夏秋冬各季节降水量趋势变化有增有减，中天山内部春季及南坡的夏季降水量呈现下降趋势，其余各地均呈现上升趋势。中天山内部夏季降水量变化率最大，为 6.66mm/10a，其次为秋季和冬季，春季呈现出下降趋势，降水量变化率为–0.25mm/10a。中天山北坡春季升高速率最大，为 2.92mm/10a，其次为秋季和冬季，夏季降水量变化率最低，降水量变化率为 1.25mm/10a。中天山南坡春季降水量变化率最大，为 0.95mm/10a，其次为秋季和冬季，夏季呈现出下降趋势，降水量变化率为–0.82mm/10a（表 4.9）。

表 4.9　1958～2012 年中天山各区域年及四季平均降水量的变化趋势系数

（单位：mm/10a）

区域	全年	春季	夏季	秋季	冬季
内部	5.058	−0.25	6.66	1.54	0.65
北坡	8.034	2.92	1.25	1.47	2.45
南坡	1.971	0.95	−0.82	0.67	0.07

中天山区域春季降水量的空间差异较小，仅巴音布鲁克呈现下降趋势，降水量变化率为−0.0553mm/a，其他区域均呈现上升趋势。中天山北坡整体降水变化率较大，其中乌鲁木齐上升趋势最为明显，降水量变化率为 0.5689mm/a，蔡家湖、石河子次之，分别为 0.2503mm/a 和 0.1553mm/a，克拉玛依降水量变化率最低，为 0.1454mm/a。中天山南坡 4 个代表站点变化幅度总体较为一致，变化率为 0.0036～0.1761mm/a。库米什降水量变化率最大，为 0.1761mm/a，其次为焉耆和库尔勒，降水量变化率分别为 0.166mm/a 和 0.0546mm/a，吐鲁番降水变化幅度较小，变化率为 0.0036mm/a。天山内部降水变化率较大，巴仑台降水呈现上升趋势，上升速率为 0.0063mm/a，而巴音布鲁克降水呈现了下降趋势，降水量变化率为−0.0553mm/a（图 4.16）。

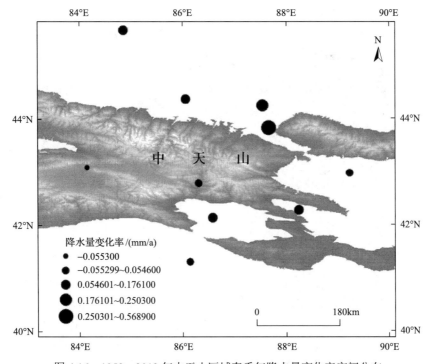

图 4.16　1958～2012 年中天山区域春季年降水量变化率空间分布

中天山区域夏季降水量的空间差异较大，克拉玛依、库尔勒及石河子呈现下降趋势，降水量变化率分别为–0.1862mm/a、–0.1261mm/a、–0.0761mm/a；其他区域均呈现上升趋势。中天山北坡整体降水变化率较大，其中乌鲁木齐站的上升趋势最为明显，降水量变化率为 0.3011mm/a，蔡家湖站、石河子站次之，分别为 0.2545mm/a 和 0.1067mm/a，而克拉玛依站呈现下降趋势，降水量变化率为–0.1862mm/a。天山南坡 4 个代表站点变化幅度总体较为一致，变化率为–0.1861～0.1067mm/a。焉耆站降水量变化率最大，为 0.0763mm/a，其次为库米什站和吐鲁番站，降水变化率分别为 0.0551mm/a 和 0.0761mm/a，库尔勒站的降水变化幅度较小，降水量变化率为 0.1261mm/a。中天山内部降水量变化率较大，巴仑台和巴音布鲁克降水均呈现上升趋势，降水量变化率分别为 0.7735mm/a，0.5581mm/a（图 4.17）。

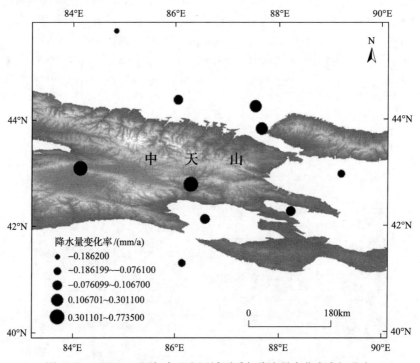

图 4.17　1958～2012 年中天山区域夏季年降水量变化率空间分布

中天山区域秋季降水量的空间差异与夏季相比较小，仅巴仑台站呈现下降趋势，降水量变化率为–0.0584mm/a，其他区域均呈现上升趋势。中天山北坡整体降水变化率较大，其中克拉玛依站上升趋势最为明显，降水量变化率为 0.1684mm/a，蔡家湖站、乌鲁木齐站次之，分别为 0.122mm/a 和 0.0979mm/a，石河子站降水量变化率最低，降水量变化率为 0.0442mm/a。中天山南坡 4 个代表站点变化幅度总

体较为一致，变化率为–0.0584～0.1220mm/a。其中焉耆站降水量变化率最大，为
0.0924mm/a，其次为库尔勒站和库米什站，分别为 0.0919mm/a 和 0.0279mm/a，
吐鲁番站的降水变化幅度较小，为 0.0085mm/a。中天山内部降水变化速率差异较
大，巴音布鲁克降水呈现上升趋势，降水量变化率为 0.3668mm/a，而巴仑台降水
却呈现了下降趋势，降水量变化率为 –0.0584mm/a（图 4.18）。

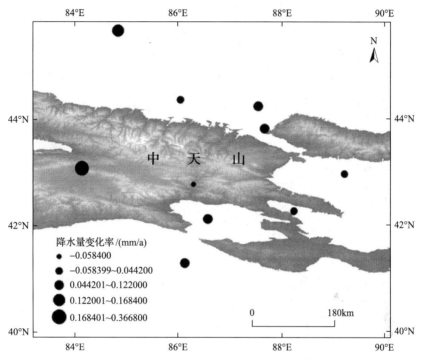

图 4.18　1958～2012 年中天山区域秋季年降水量变化率空间分布

中天山区域冬季的降水量的空间差异较小，仅吐鲁番站呈现下降趋势，降水量
变化率为–0.0382mm/a，其他区域均呈现增加趋势。中天山北坡整体降水变化率较
大，其中乌鲁木齐站上升趋势最为明显，降水量变化率为 0.3323mm/a，石河子、
蔡家湖次之，分别为 0.1921mm/a 和 0.1433mm/a，克拉玛依上升速率最低，降
水量变化率为 0.1165mm/a。中天山南坡 4 个代表站点变化幅度总体较为一致，
变化率在–0.0382～0.1433mm/a。库尔勒降水量变化率最大，为 0.0335mm/a，
其次为库米什和焉耆，分别为 0.0089mm/a 和 0.0281mm/a，吐鲁番降水呈现下
降趋势，降水量变化率为–0.0382mm/a。中天山内部降水量变化率较小，巴仑
台站和巴音布鲁克站降水均呈现上升趋势，降水量变化率为分别为 0.0138mm/a 和
0.0962mm/a（图 4.19）。

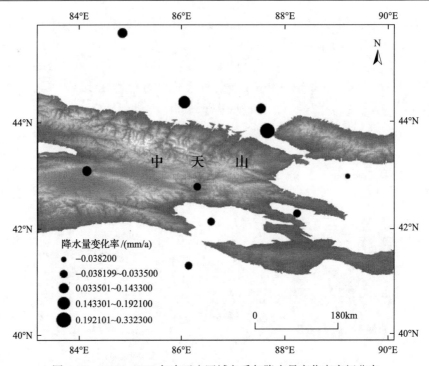

图 4.19　1958～2012 年中天山区域冬季年降水量变化率空间分布

　　对比中天山区域各季节降水变化率空间分布特征可以看出，除春季外，其余季节中天山内部靠近西面的地区降水量明显增多。在 1958～2012 年，中天山区域降水量呈现上升趋势，降水量变化率为 0.423mm/a，20 世纪 90 年代上升尤为明显。中天山区域年降水量的变化虽然呈现出较为一致的增强趋势，但降水气候倾向率有明显的区域性，其中西部的变化大于内部和南坡，夏季降水量增加幅度最大(韩雪云等, 2013)。从年代际角度分析，自 20 世纪 60 年代以来，新疆年降水总体呈上升的趋势。在年代际尺度上，20 世纪 60～80 年代，降水呈波动式减少趋势，80 年代以后降水呈明显的增加趋势。中天山区域降水在一年四季不同区域内均呈现波动式增长趋势。

4.3.2　降水年际周期变化特征

　　图 4.20 为中天山区域年降水量在整体、北坡、内部和南坡四个不同地域尺度的小波分析图。中天山区域整体多年平均降水量为 142.09mm，水资源非常贫乏，年际变化较小(Cv=0.18)。从年降水量 Morlet 小波分析可以看出，中天山整体年降水量周期交替振荡变化十分强烈，大尺度下嵌套着复杂的小尺度，存在 5～10 年，28～33 年的周期变化。中心尺度主要为 28～33 年，这对应该序列变化过程中明显存在的主要周期，为年代际变化，且在该尺度上，振荡中心分别位于 20 世纪

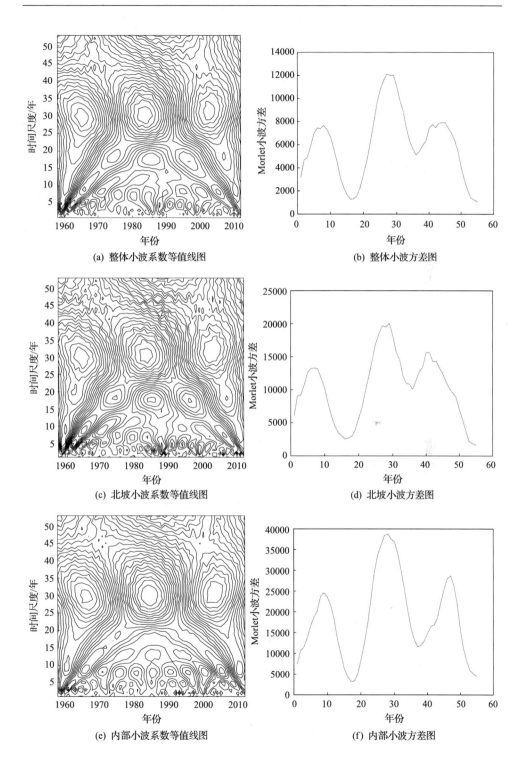

(a) 整体小波系数等值线图

(b) 整体小波方差图

(c) 北坡小波系数等值线图

(d) 北坡小波方差图

(e) 内部小波系数等值线图

(f) 内部小波方差图

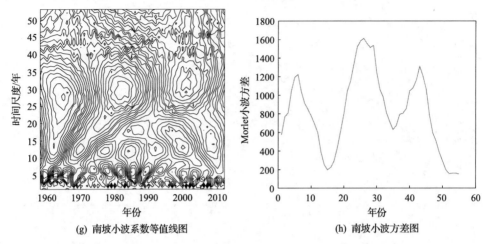

(g) 南坡小波系数等值线图　　　　　　(h) 南坡小波方差图

图 4.20　中天山区域整体、北坡、内部和南坡年降水量的小波分析图

60 年代中期、20 世纪 80 年代中期、21 世纪初期，年降水量经历了 6 个丰枯交替变化过程，且周期变化在整个分析时段表现得非常稳定，具有全域性；小尺度对应年际变化，中心尺度为 5～10 年，在这个尺度上，年降水量存在 10 个振荡中心。小波方差分析结果表明，存在 3 个明显的峰值点，分别对应着 5 年、8 年和 30 年的时间尺度，其中最大峰值对应 30 年的时间尺度，说明 30 年左右的周期振荡最强，信号扰动强度最为强烈，是年降水量的主周期，8 年和 5 年分别对应第 2 次、第 3 次周期。

中天山北坡区域多年平均降水量为 184.16mm，降水量稍多于区域整体多年平均值，年际变化程度也大于区域整体(Cv=0.23)。从小波系数等值线图(图 4.20(c))上可看出，北坡年降水量存在明显的大尺度和小尺度的相互嵌套，其中大尺度对应年代际变化，中心尺度为 27～36 年，小尺度对应年际变化，中心尺度为 5～13 年。其中，27～37 年尺度上，振荡中心分别位于 20 世纪 60 年代中期、20 世纪 80 年代中期、21 世纪初期，年降水量经历了 6 个丰枯交替变化过程，周期变化在整个研究时段表现稳定，具有全域性；5～13 年尺度上，信号序列位相正负变化更加频繁，存在 11 个振荡中心。从小波方差图(图 4.20(d))上可看出，存在 3 个明显的峰值点，分别对应 5 年、8 年和 29 年的时间尺度，其中最大峰值对应着 29 年的时间尺度，说明 29 年左右的周期振荡最强，是年降水量的主周期，其余峰值点依次对应的周期尺度为 5 年和 8 年，5 年和 8 年分别为第 2 次、第 3 次周期。

中天山内部区域多年平均降水量为 242.16mm，降水量多于中天山北坡，年际变化较小(Cv=0.19)。中天山内部年降水量周期交替振荡变化十分强烈，大尺度下嵌套着复杂的小尺度，存在 8～12 年、27～33 年的周期变化。中心尺度主要为 27～33 年，对应该序列变化过程中明显存在的主要周期，为年代际变化，且在该尺度上，振荡中心分别位于 20 世纪 60 年代中期、20 世纪 80 年代中期、21 世纪初期，年降水量经历了 6 个丰枯交替变化过程，且周期变化在整个分析时段表现非常稳定，具有全域性；小尺度对应年际变化，中心尺度为 8～12 年，在这个尺度上年降水量存在 11 个振荡中心。小波方差分析结果表明，存在 2 个明显的峰值点，分别对应 10 年和 28 年的时间尺度，其中最大峰值对应 28 年的时间尺度，说明 28 年左右的周期振荡最强，信号扰动强度最为强烈，是年降水量的主周期，10 年对应第 2 次周期(图 4.20(e)、(f))。

中天山南坡区域多年平均降水量为 49.99mm，降水相对稀少，降水量远远低于中天山区域整体平均值，年际变化程度在所有区域尺度中最大(Cv=0.33)。南坡年降水量存在明显的大尺度和小尺度的相互嵌套，其中大尺度对应年代际变化，中心尺度为 26～35 年，小尺度对应年际变化，中心尺度为 3～8 年。其中，26～35 年尺度上，振荡中心分别位于 20 世纪 60 年代中期、20 世纪 80 年代初期、21 世纪初期，年降水量经历了 6 个丰枯交替变化过程，周期变化在整个研究时段表现稳定，具有全域性；3～8 年代尺度上，信号序列位相正负变化更加频繁，存在 15 个振荡中心。从小波方差图上看出，存在 3 个明显的峰值点，分别对应 3 年、8 年、28 年的时间尺度，其中最大峰值对应 28 年的时间尺度，说明 28 年左右的周期振荡最强，是年降水量的主周期，其余峰值点依次对应的周期尺度为 8 年和 3 年，8 年和 3 年分别为第 2 次、第 3 次周期(图 4.20(g)、(h))。

据中天山整体区域春夏秋冬四季度季降水量的小波分析图(图 4.21)可进行如下分析。中天山整体区域春季多年平均降水量为 33.82mm，水资源贫乏，年际变化较小(Cv=0.31)。如图 4.21(a)、(b)所示，从春季降水量 Morlet 小波分析可以看出，中天山整体春季水量的周期交替振荡变化十分强烈，大尺度下嵌套复杂的小尺度，存在 5～10 年、27～34 年的周期变化。中心尺度主要为 27～34 年，对应该序列变化过程中明显存在的主要周期，为年代际变化，且在该尺度上，振荡中心分别位于 20 世纪 60 年代中期、20 世纪 80 年代中期、21 世纪初期，季降水量经历了 6 个丰枯交替变化过程，且周期变化在整个分析时段表现得非常稳定，具有全域性；小尺度对应年际变化，中心尺度为 5～10 年，在这个尺度上，季降水量存在 7 个振荡中心。小波方差分析结果表明，存在 3 个明显的峰值点，分别对应 3 年、8 年和 30 年的时间尺度，其中最大峰值对应 30 年的时间尺度，说明 30 年左右的周期振荡最强，信号扰动强度最强烈，是春季降水量的主周期，8 年和 3 年分别对应第 2 次、第 3 次周期。

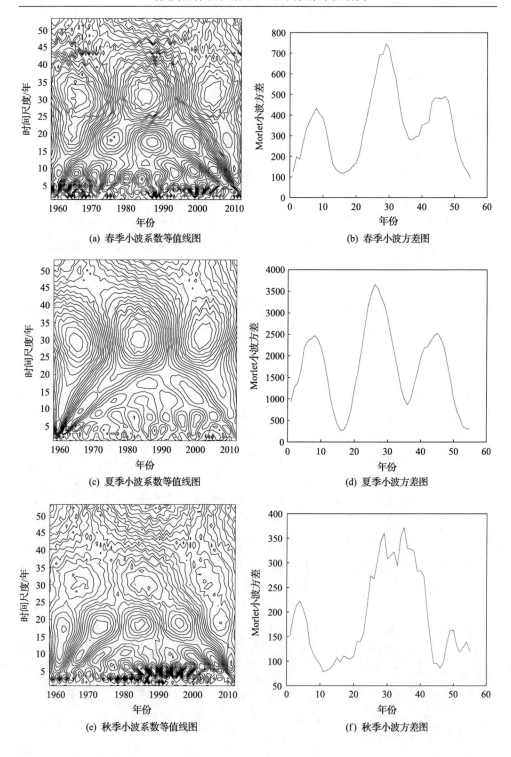

(a) 春季小波系数等值线图　　　　　　(b) 春季小波方差图

(c) 夏季小波系数等值线图　　　　　　(d) 夏季小波方差图

(e) 秋季小波系数等值线图　　　　　　(f) 秋季小波方差图

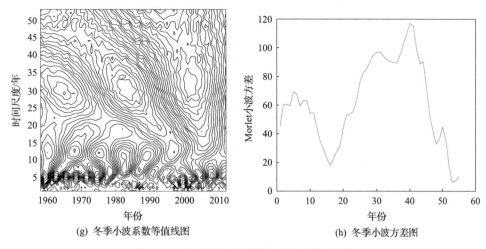

(g) 冬季小波系数等值线图　　　　　　　　(h) 冬季小波方差图

图 4.21　中天山整体季降水量的小波分析图

中天山整体区域夏季的多年平均降水量为 70.38mm，降水量为所有季度中最大的，年际变化程度小于春季(Cv=0.22)。夏季降水量存在明显的大尺度和小尺度的相互嵌套，其中大尺度对应年代际变化，中心尺度为 26～35 年，小尺度对应年际变化，中心尺度为 3～8 年。其中，26～35 年尺度上，振荡中心分别位于 20 世纪 60 年代中期、20 世纪 80 年代中期、21 世纪初期，季降水量经历了 6 个丰枯交替变化过程，周期变化在整个研究时段表现稳定，具有全域性；3～8 年代尺度上，信号序列位相正负变化更加频繁，存在 8 个振荡中心。从小波方差图上看出，存在 2 个明显的峰值点，分别对应 8 年和 28 年的时间尺度，其中最大峰值对应 28 年的时间尺度，说明 28 年左右的周期振荡最强，是季降水量的主周期，另一个峰值点对应 8 年，为第 2 次周期(图 4.21(c)、(d))。

中天山整体区域秋季的多年平均降水量为 26.22mm，降水量仅次于夏季和春季，年际变化为四季度中较大的(Cv=0.32)。中天山整体秋季降水量周期交替振荡变化十分强烈，大尺度下嵌套着复杂的小尺度，存在 3～8 年、20～35 年的周期变化。中心尺度主要为 20～35 年，这对应该序列变化过程中明显存在的主要周期，为年代际变化，且在该尺度上，振荡中心分别位于 20 世纪 60 年代中期、20 世纪 80 年代中期、21 世纪初期，季降水量经历了 6 个丰枯交替变化过程，且周期变化在整个分析时段表现得非常稳定，具有全域性；小尺度对应年际变化，中心尺度为 3～8 年，在这个尺度上，季降水量存在 13 个振荡中心。小波方差分析结果表明，存在 2 个明显的峰值点，分别对应 5 年和 30 年的时间尺度，其中最大峰值对应 30 年的时间尺度，说明 30 年左右的周期振荡最强，信号扰动强度最强烈，是秋季降水量的主周期，5 年对应第 2 次周期(图 4.21(e)、(f))。

中天山整体区域冬季多年平均降水量为 11.59mm，降水量为所有季度中最小的，年际变化程度在所有季度中最大(Cv=0.42)。冬季降水量存在明显的大尺度和小尺度的相互嵌套，其中大尺度对应年代际变化，中心尺度为 28～35 年，小尺度对应年际变化，中心尺度为 3～7 年。其中，28～35 年尺度上，振荡中心分别位于 20 世纪 60 年代中期、20 世纪 80 年代中期、21 世纪初期，季降水量经历了 6 个丰枯交替变化过程，周期变化在整个研究时段表现稳定，具有全域性；3～7 年尺度上，信号序列位相正负变化更加频繁，存在 13 个振荡中心。从小波方差图上看出，存在 2 个明显的峰值点，分别对应 5 年和 30 年的时间尺度，其中最大峰值对应 30 年的时间尺度，说明 30 年左右的周期振荡最强，是季降水量的主周期，另一个峰值点对应 5 年，为第 2 次周期(图 4.21(g)、(h))。

据中天山北坡春夏秋冬四季度季降水量的小波分析图(图 4.22)可进行如下分析。中天山北坡春季多年平均降水量为 56.66mm，降水量稀少，年际变化较小(Cv=0.34)。如图 4.22(a)、(b)所示，从春季降水量 Morlet 小波分析可以看出，北坡春季降水量周期交替振荡变化十分强烈，大尺度下嵌套着复杂的小尺度，存在 3～10 年、27～35 年的周期变化。中心尺度主要为 27～35 年，对应该序列变化过程中明显存在的主要周期，为年代际变化，且在该尺度上，振荡中心分别位于 20 世纪 60 年代中期、20 世纪 80 年代中期、21 世纪初期，季降水量经历了 6 个丰枯交替变化过程，且周期变化在整个分析时段表现得非常稳定，具有全域性；小尺度对应年际变化，中心尺度为 3～10 年，在这个尺度上，季降水量存在 7 个振荡中心。小波方差分析结果表明，存在 3 个明显的峰值点，分别对应 3 年、8 年和 30 年的时间尺度，其中最大峰值对应 30 年的时间尺度，说明 30 年左右的周期振荡最强，信号扰动强度最为强烈，是春季降水量的主周期，8 年和 3 年分别对应第 2 次、第 3 次周期。

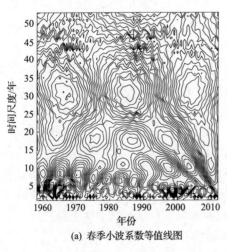

(a) 春季小波系数等值线图

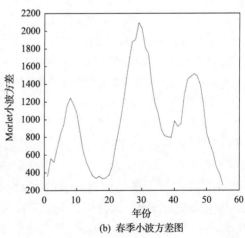

(b) 春季小波方差图

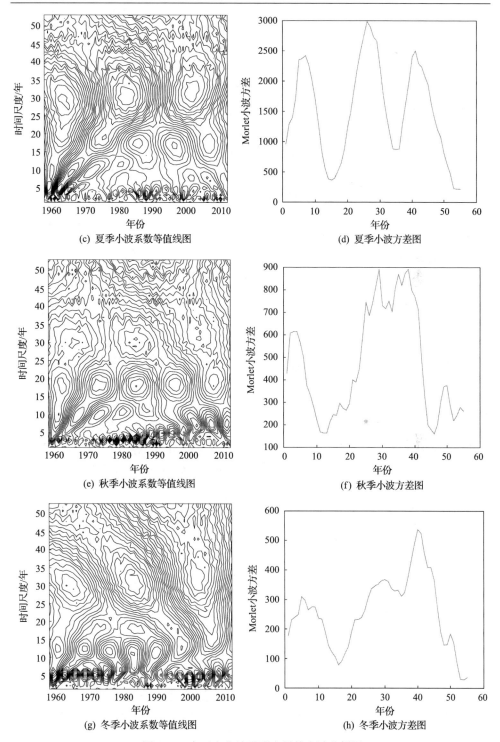

图 4.22　中天山北坡季降水量的小波分析图

中天山北坡夏季多年平均降水量为 63.31mm，降水量为所有季度中最大的，年际变化程度小于春季(Cv=0.32)。夏季降水量存在明显的大尺度和小尺度的相互嵌套，其中大尺度对应年代际变化，中心尺度为 26～35 年，小尺度对应年际变化，中心尺度为 3～8 年。其中，26～35 年尺度上，振荡中心分别位于 20 世纪 60 年代中期、20 世纪 80 年代中期、21 世纪初期，季降水量经历了 6 个丰枯交替变化过程，周期变化在整个研究时段表现稳定，具有全域性；3～8 年尺度上，信号序列位相正负变化更加频繁，存在 8 个振荡中心。从小波方差图上看出，存在 2 个明显的峰值点，分别对应 8 年和 28 年的时间尺度，其中最大峰值对应 28 年的时间尺度，说明 28 年左右的周期振荡最强，是季降水量的主周期，另一个峰值点对应 8 年，为第 2 次周期(图 4.22(c)、(d))。

中天山北坡秋季多年平均降水量为 40.93mm，降水稀少，年际变化较小(Cv=0.33)。北坡秋季降水量周期交替振荡变化十分强烈，大尺度下嵌套着复杂的小尺度，存在 2～5 年、15～20 年、26～35 年的周期变化。中心尺度主要为 26～35 年，对应该序列变化过程中明显存在的主要周期，为年代际变化，且在该尺度上振荡中心分别位于 20 世纪 60 年代中期、20 世纪 80 年代中期、21 世纪初期，季降水量经历了 6 个丰枯交替变化过程，且周期变化在整个分析时段表现非常稳定，具有全域性；小尺度对应年际变化，中心尺度为 2～5 年，在这个尺度上，季降水量存在 18 个振荡中心。小波方差分析结果表明，存在 3 个明显的峰值点，分别对应 3 年、18 年和 30 年的时间尺度，其中最大峰值对应 30 年的时间尺度，说明 30 年左右的周期振荡最强，信号扰动强度最为强烈，是春季降水量的主周期，3 年和 18 年分别对应第 2 次、第 3 次周期(图 4.22(e)、(f))。

中天山北坡冬季多年平均降水量为 22.97mm，降水量为所有季度中最小的，年际变化在所有季节中最大(Cv=0.42)。冬季降水量存在明显的大尺度和小尺度的相互嵌套，其中大尺度对应年代际变化，中心尺度为 26～35 年，小尺度对应年际变化，中心尺度为 3～8 年。其中，26～35 年尺度上，振荡中心分别位于 20 世纪 60 年代中期、20 世纪 80 年代初期、21 世纪初期，季降水量经历了 6 个丰枯交替变化过程，周期变化在整个研究时段表现稳定，具有全域性；3～8 年尺度上，信号序列位相正负变化更加频繁，存在 14 个振荡中心。从小波方差图上看出，存在 2 个明显的峰值点，分别对应 5 年和 30 年的时间尺度，其中最大峰值对应 30 年的时间尺度，说明 30 年左右的周期振荡最强，是年降水量的主周期，另一个峰值点对应 5 年，为第 2 次周期(图 4.22(g)、(h))。

中天山内部春季多年平均降水量为 39.96mm，降水量稀少，年际变化较小(Cv=0.35)。如图 4.23(a)、(b)所示，从春季降水量 Morlet 小波分析可以看出，中天山内部春季降水量周期交替振荡变化十分强烈，大尺度下嵌套着复杂的小尺度，存在 2～5 年、5～10 年、27～35 年的周期变化。中心尺度主要为 27～35 年，

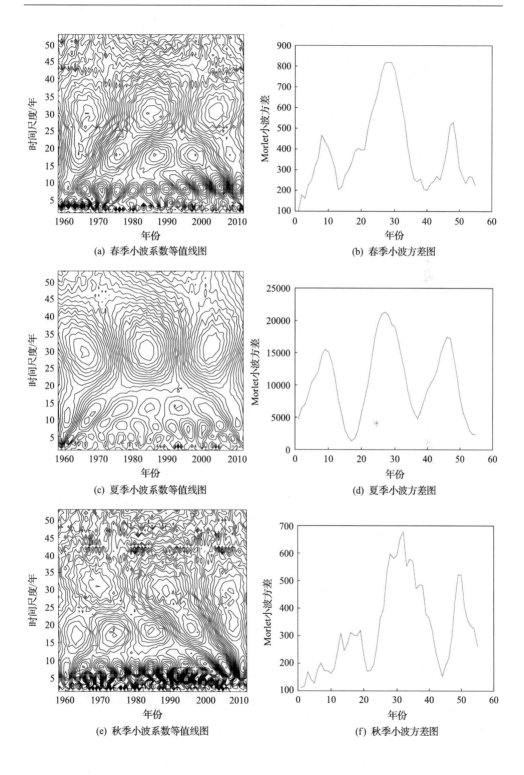

(a) 春季小波系数等值线图 　　(b) 春季小波方差图

(c) 夏季小波系数等值线图 　　(d) 夏季小波方差图

(e) 秋季小波系数等值线图 　　(f) 秋季小波方差图

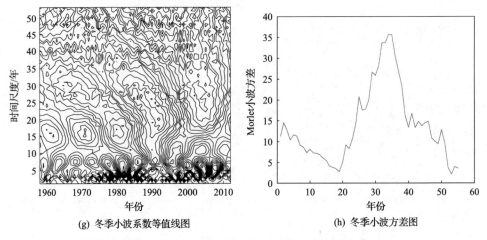

(g) 冬季小波系数等值线图   (h) 冬季小波方差图

图 4.23 中天山内部季降水量的小波分析图

对应该序列变化过程中明显存在的主要周期,为年代际变化,且在该尺度上,振荡中心分别位于 20 世纪 60 年代中期、20 世纪 80 年代中期、21 世纪初期,季降水量经历了 6 个丰枯交替变化过程,且周期变化在整个分析时段表现得非常稳定,具有全域性;小尺度对应年际变化,中心尺度为 5~10 年,在这个尺度上,季降水量存在 10 个振荡中心。小波方差分析结果表明,存在 3 个明显的峰值点,分别对应 2 年、7 年和 30 年的时间尺度,其中最大峰值对应 30 年的时间尺度,说明 30 年左右的周期振荡最强,信号扰动强度最强烈,是季降水量的主周期,7 年和 2 年分别对应第 2 次、第 3 次周期。

中天山内部夏季多年平均降水量为 166.55mm,降水量为所有季度中最大的,年际变化程度小于春季(Cv=0.26)。夏季降水量存在明显的大尺度和小尺度的相互嵌套,其中大尺度对应年代际变化,中心尺度为 25~35 年,小尺度对应年际变化,中心尺度为 3~8 年。其中,25~35 年尺度上,振荡中心分别位于 20 世纪 60 年代中期、20 世纪 80 年代初期、21 世纪初期,季降水量经历了 6 个丰枯交替变化过程,周期变化在整个研究时段表现稳定,具有全域性;3~8 年尺度上,信号序列位相正负变化更加频繁,存在 12 个振荡中心。从小波方差图上看出,存在 2 个明显的峰值点,分别对应 6 年和 28 年的时间尺度,其中最大峰值对应 28 年的时间尺度,说明 28 年左右的周期振荡最强,是季降水量的主周期,另一个峰值点对应 6 年,为第 2 次周期(图 4.23(c)、(d))。

中天山内部秋季多年平均降水量为 32.85mm,降水稀少,年际变化大于春季(Cv=0.46)。秋季降水量周期交替振荡变化十分强烈,大尺度下嵌套着复杂的小尺度,存在 3~7 年、8~13 年、15~20 年的周期变化。中心尺度主要为 3~7 年,对应该序列变化过程中明显存在的主要周期,为年际变化,且在该尺度上,存在

14 个振荡中心，且周期变化在整个分析时段表现得非常稳定，具有全域性；大尺度对应年际变化，中心尺度为 15~20 年，在这个尺度上，季降水量存在 3 个振荡中心。小波方差分析结果表明，存在 3 个明显的峰值点，分别对应 4 年、12 年和 18 年的时间尺度，其中最大峰值对应 4 年的时间尺度，说明 4 年左右的周期振荡最强，信号扰动强度最强烈，是秋季降水的主周期，18 年和 12 年分别对应第 2 次、第 3 次周期(图 4.23(e)、(f))。

中天山内部冬季多年平均降水量为 5.71mm，降水量为所有季度中最小的，年际变化在所有季节中最大(Cv=0.60)。冬季降水量存在明显的大尺度和小尺度的相互嵌套，其中大尺度对应年代际变化，中心尺度为 11~15 年，小尺度对应年际变化，中心尺度为 2~5 年。其中，11~15 年尺度上，振荡中心分别位于 20 世纪 60 年代中期、20 世纪 70 年代中期、20 世纪 80 年代初期、20 世纪 90 年代初期、21 世纪初期，季降水量经历了 10 个丰枯交替变化过程；2~5 年尺度上，信号序列位相正负变化更加频繁，存在 14 个振荡中心。从小波方差图上看出，存在 2 个明显的峰值点，分别对应 3 年、8 年的时间尺度，其中最大峰值对应 3 年的时间尺度，说明 3 年左右的周期振荡最强，是季降水量的主周期，其余峰值点分别对应 8 年为第 2 次周期(图 4.23(g)、(h))。

中天山南坡春季多年平均降水量为 9.41mm，降水稀少，年际变化较小(Cv=0.84)。如图 4.24(a)、(b)所示，从春季降水量 Morlet 小波分析可以看出，南坡春季降水量周期交替振荡变化十分强烈，大尺度下嵌套着复杂的小尺度，存在 2~5 年、5~10 年、15~20 年、25~35 年的周期变化。中心尺度主要为 25~35 年，对应该序列变化过程中明显存在的主要周期，为年代际变化，且在该尺度上，振荡中心分别位于 20 世纪 60 年代中期、20 世纪 80 年代初期、21 世纪初期，季降水量经历了 6 个丰枯交替变化过程，且周期变化在整个分析时段表现得非常

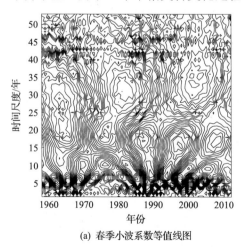

(a) 春季小波系数等值线图

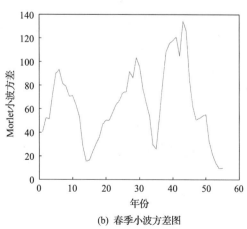

(b) 春季小波方差图

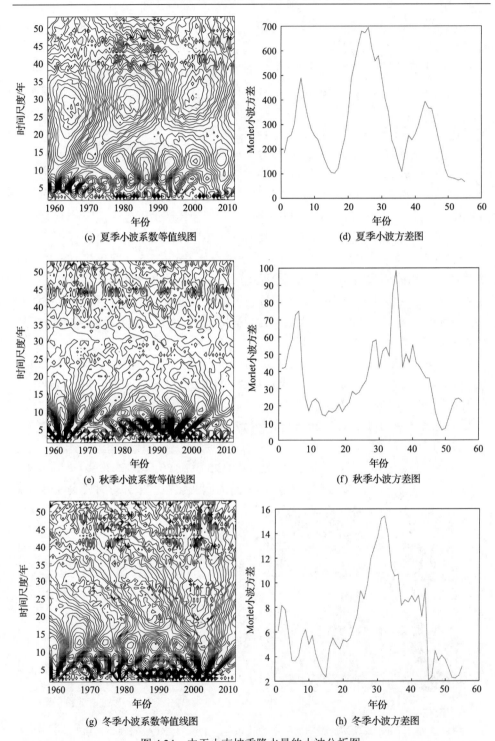

图 4.24 中天山南坡季降水量的小波分析图

稳定，具有全域性；小尺度对应年际变化，中心尺度为 5~10 年，在这个尺度上，季降水量存在 11 个振荡中心。小波方差分析结果表明，存在 4 个明显的峰值点，分别对应 3 年、6 年、10 年和 30 年的时间尺度，其中最大峰值对应 30 年的时间尺度，说明 30 年左右的周期振荡最强，信号扰动强度最强烈，是春季降水量的主周期，3 年、6 年和 10 年分别对应第 2 次、第 3 次和第 4 次周期。

中天山南坡夏季多年平均降水量为 29.37mm，降水量为所有季度中最大的，年际变化程度小于春季（Cv=0.32）。夏季降水量存在明显的大尺度和小尺度的相互嵌套，其中大尺度对应年代际变化，中心尺度为 25~33 年，小尺度对应年际变化，中心尺度为 5~10 年。其中，25~33 年尺度上，振荡中心分别位于 20 世纪 60 年代中期、20 世纪 80 年代初期、21 世纪初期，季降水量经历了 6 个丰枯交替变化过程，周期变化在整个研究时段表现稳定，具有全域性；5~10 年尺度上，信号序列位相正负变化更加频繁，存在 12 个振荡中心。从小波方差图上看出，存在 2 个明显的峰值点，分别对应 6 年和 28 年的时间尺度，其中最大峰值对应 28 年的时间尺度，说明 28 年左右的周期振荡最强，是季降水量的主周期，另一个峰值点对应 6 年，为第 2 次周期（图 4.24（c）、（d））。

中天山南坡秋季多年平均降水量为 8.18mm，降水稀少，年际变化较小（Cv=0.95）。南坡秋季降水量周期存在 2~5 年、6~13 年、17~23 年的周期变化。中心尺度主要为 2~5 年，对应该序列变化过程中明显存在的主要周期，为年际变化，且在该尺度上，存在 14 个振荡中心，且周期变化在整个分析时段表现得非常稳定，具有全域性；大尺度对应年际变化，中心尺度为 17~23 年，在这个尺度上，振荡中心分别位于 20 世纪 80 年代中期、20 世纪 90 年代中期、21 世纪初期。小波方差分析结果表明，存在 3 个明显的峰值点，分别对应 4 年、12 年和 23 年的时间尺度，其中最大峰值对应 4 年的时间尺度，说明 4 年左右的周期振荡最强，信号扰动强度最强烈，是秋季降水量的主周期，23 年和 12 年分别对应着第 2 次、第 3 次周期（图 4.24（e）、（f））。

中天山南坡冬季多年平均降水量为 2.94mm，降水量为所有季度中最小的，年际变化在所有季节中最大（Cv=1.11）。冬季降水量存在明显的大尺度和小尺度的相互嵌套，其中大尺度对应年代际变化，中心尺度为 20~25 年，小尺度对应着年际变化，中心尺度为 2~5 年。其中，20~25 年尺度上，振荡中心分别位于 20 世纪 70 年代初期、20 世纪 90 年代初期、21 世纪初期，季降水量经历了 6 个丰枯交替变化过程，周期变化在整个研究时段表现稳定，具有全域性；2~5 年尺度上，信号序列位相正负变化更加频繁，存在 15 个振荡中心。从小波方差图上看出，存在 4 个明显的峰值点，分别对应 3 年、8 年、12 年的时间尺度，其中最大峰值对应 3 年的时间尺度，说明 3 年左右的周期振荡最强，是年降水量的主周期，其余峰值点对应 8 年和 12 年，为第 2 次、第 3 次周期（图 4.24（g）、（h））。

4.3.3　降水变化趋势和突变点分析

中天山四区域尺度年降水量变化趋势的 Mann-Kendall 趋势检验结果(表 4.10)表明，中天山整体、北坡和内部年降水量升高趋势显著，降水量变化率分别为 0.57mm/a、0.94mm/a 和 0.86mm/a，南坡虽然表现出来升高趋势，但未通过 a=0.05 的显著性检验。就年降水量变化趋势显著性而言，中天山整体(|Z|=2.60)、内部 (|Z|=2.14)、北坡(|Z|=2.09)依次减弱。四区域年降水量变化均具有显著的突变点，但发生突变的时间不尽一致，中天山整体为 1987 年，北坡为 1988 年，内部为 1993 年，南坡为 1982 年。突变后时段与突变前时段相比，中天山整体、北坡、天山内部和南坡年降水量多年均值分别相差 27.12mm、31.56mm、39.96mm、6.08mm。

表 4.10　中天山年降水量变化趋势及突变检验结果

区域	趋势检验						突变年份
	降水量变化率/(mm/a)	趋势	|Z|值	$Z_{a/2}$ 值	显著性	H_0[1]	
中天山整体	0.57	递增	2.60	1.96	显著	R	1987[2]
中天山北坡	0.94	递增	2.09	1.96	显著	R	1988[2]
中天山内部	0.86	递增	2.14	1.96	显著	R	1993[2]
中天山南坡	0.04	递增	0.41	1.96	不显著	A	1982[2]

①H_0，即原假设，指年际变化趋势不明显；显著性检验水平 a=0.05；A 代表接受原假设；R 代表拒绝原假设。
②表示突变年份通过 0.05 的显著性检验水平。

中天山整体四季度季降水量年际变化趋势的 Mann-Kendall 趋势检验结果 (表 4.11)表明，冬季降水量升高趋势显著，降水量变化率为 0.11mm/a，春季、夏季、秋季虽然表现出来升高趋势，但未通过 a=0.05 的显著性检验。四季度降水量变化均具有显著的突变点，但发生突变的时间不尽一致，春季为 2006 年，夏季为 1990 年，秋季为 1975 年，冬季为 1982 年。突变后时段与突变前时段相比，春夏秋冬四季度季降水量多年均值分别相差 7.67mm、12.85mm、6.16mm、3.93mm。

表 4.11　中天山整体季降水量年际变化趋势及突变检验结果

季度	趋势检验						突变年份
	降水量变化率/(mm/a)	趋势	|Z|值	$Z_{a/2}$ 值	显著性	H_0[1]	
春季	0.16	递增	1.63	1.96	不显著	A	2006[2]
夏季	0.16	递增	1.32	1.96	不显著	A	1990[2]
秋季	0.13	递增	1.80	1.96	不显著	A	1975[2]
冬季	0.11	递增	2.79	1.96	显著	R	1982[2]

①H_0，即原假设，指年际变化趋势不明显；显著性检验水平 a=0.05；A 代表接受原假设；R 代表拒绝原假设。
②表示突变年份通过 0.05 的显著性检验水平。

中天山北坡四季度季降水量变化趋势的 Mann-Kendall 趋势检验结果(表 4.12)表明,冬季降水量升高趋势显著,降水量变化率为 0.23mm/a,春夏秋三个季度虽然表现出来升高趋势,但未通过 $a=0.05$ 的显著性检验。四季度季降水量年际变化均具有显著的突变点,但发生突变的时间不尽一致,春季为 2005 年,夏季为 1992年,秋季为 1975 年,冬季为 1992 年。突变后时段与突变前时段相比,春夏秋冬四季度季降水量多年均值分别相差 13.32mm、9.66mm、9.43mm、8.51mm。

表 4.12　中天山北坡季降水量年际变化趋势及突变检验结果

季度	趋势检验						突变年份
	降水量变化率/(mm/a)	趋势	|Z|值	$Z_{a/2}$ 值	显著性	H_0[①]	
春季	0.29	递增	1.77	1.96	不显著	A	2005[②]
夏季	0.23	递增	1.06	1.96	不显著	A	1992[②]
秋季	0.17	递增	1.26	1.96	不显著	A	1975[②]
冬季	0.23	递增	2.84	1.96	显著	R	1992[②]

①H_0,即原假设,指年际变化趋势不明显;显著性检验水平 $a=0.05$;A 代表接受原假设;R 代表拒绝原假设。
②表示突变年份通过 0.05 的显著性检验水平。

中天山内部四季度季降水量变化趋势的 Mann-Kendall 趋势检验结果(表 4.13)表明,冬季降水量年际变化升高趋势显著,降水量变化率为 0.07mm/a,夏季和秋季虽然表现出升高趋势,但未通过 $a=0.05$ 的显著性检验,值得注意的是春季表现出的减少趋势。四季度季降水量变化均具有显著的突变点,但发生突变的时间不尽一致,春季为 1988 年,夏季为 1994 年,秋季为 1985 年,冬季为 1982 年。突变后时段与突变前时段相比,春夏秋冬四季度季降水量多年均值分别相差 0.29mm、36.15mm、1.58mm、1.87mm。

表 4.13　中天山内部季降水量年际变化趋势及突变检验结果

季度	趋势检验						突变年份
	降水量变化率/(mm/a)	趋势	|Z|值	$Z_{a/2}$ 值	显著性	H_0[①]	
春季	−0.04	递减	0.23	1.96	不显著	A	1988[②]
夏季	0.59	递增	1.54	1.96	不显著	A	1994[②]
秋季	0.24	递增	1.36	1.96	不显著	A	1985[②]
冬季	0.07	递增	2.79	1.96	显著	R	1982[②]

①H_0,即原假设,指年际变化趋势不明显;显著性检验水平 $a=0.05$;A 代表接受原假设;R 代表拒绝原假设。
②表示突变年份通过 0.05 的显著性检验水平。

中天山南坡四季度季降水量变化趋势的 Mann-Kendall 趋势检验结果(表 4.14)表明,春夏秋冬四季度季降水量变化趋势皆不显著,都未通过 $a=0.05$ 的显著性检验。春季和秋季表现出升高趋势,夏季和冬季表现出减少趋势。四季度季降水量变化均具有显著的突变点，但发生突变的时间不尽一致，春季为 1997 年，夏季为 1981 年，秋季为 1976 年，冬季为 1968 年。突变后时段与突变前时段相比，春夏秋冬四季度季降水量多年均值分别相差 4.23mm、1.61mm、3.32mm、1.29mm。

表 4.14   中天山南坡季降水量年际变化趋势及突变检验结果

季度	趋势检验						突变年份
	降水量变化率/(mm/a)	趋势	|Z|值	$Z_{a/2}$ 值	显著性	H_0[①]	
春季	0.08	递增	1.62	1.96	不显著	A	1997[②]
夏季	−0.09	递减	0.83	1.96	不显著	A	1981[②]
秋季	0.08	递增	1.6	1.96	不显著	A	1976[②]
冬季	−0.005	递减	0.29	1.96	不显著	A	1968[②]

①H_0，即原假设，指年际变化趋势不明显；显著性检验水平 a=0.05；A 代表接受原假设。
②表示突变年份通过 0.05 的显著性检验水平。

4.4   本 章 小 结

在全球变暖背景下，中天山区域内平均气温在 1958～2012 年总体呈上升趋势，并且 20 世纪 90 年代后上升趋势趋于明显，这和全球变暖的趋势一致。20 世纪 60 年代以来，区域内气温始终是波动上升的，到 21 世纪初气温达到了最高值。中天山整体、北坡、内部、南坡气温在年尺度和季尺度上都表现出来明显的升高趋势。中天山区域降水量总体上呈上升趋势。其中，中天山内部年降水量上升幅度最大，其次为北坡、整体，南坡年降水量上升幅度最小，几乎趋于水平。从不同时间尺度来看，年降水量及各季节降水量均出现上升趋势，相比于 20 世纪 60 年代初，21 世纪初中天山区域夏季降水量在四季度中上升幅度最大，升高了 9.4mm，而年降水量升高了 28.6mm。

中天山区域气温和降水在不同地域和不同时间尺度内均表现出明显的多时间尺度特征。中天山区域整体、北坡、内部和南坡年均温的主周期分别为 30 年、30 年、32 年和 30 年，次周期依次为 10 年、10 年、(12 年、8 年)和 15 年。中天山区域春夏秋冬四季度季均气温的主周期分别为 28 年、30 年、30 年和 18 年，次周期依次为 8 年、7 年、5 年和 8 年。中天山区域整体、北坡、内部和南坡年降水的主周期分别为 30 年、29 年、28 年和 28 年，次周期依次为(8 年、5 年)、(5 年、8 年)、(10 年、8 年)和(8 年、3 年)。中天山地区春夏秋冬四季度季降水量的主周期分别为 30 年、28 年、30 年和 30 年，次周期依次为(8 年、3 年)、8 年、(3 年、8 年)和 5 年。

通过对气温和降水分别进行 Mann-Kendall 趋势检验发现，中天山年均温在四地域尺度均呈现显著增高趋势，但是均没有检测出突变点。中天山整体春夏秋冬四季度季均气温均表现出显著增高趋势，且春季、夏季、秋季和冬季气温时间序列分别在 1993 年、1984 年、1978 年和 1985 年发生显著突变。中天山整体、北坡和内部年降水量升高趋势显著，南坡虽然表现出升高趋势，但未通过 $a=0.05$ 的显著性检验。四地域年降水量变化均具有显著的突变点，降水时间序列分别在 1987 年、1988 年、1983 年和 1982 年发生显著突变。中天山整体冬季降水量升高趋势显著，春季、夏季、秋季虽然表现出升高趋势，但未通过 $a=0.05$ 的显著性检验。春夏秋冬四季度降水发生突变的时间分别为 2006 年、1990 年、1975 年和 1982 年。

第5章 天山山区不同水体水化学特征

自然水体中所溶解的阴阳离子是研究流域内水体的形成与演化过程以及径流组分特征的重要信息。流域水体中的水化学特性能够清晰地反映径流产生区及流经区域的岩石性质、土壤性质及各种化学作用等。结合流域内的地形和地质条件，可以通过研究流域内水体的化学性质来了解流域的水循环过程，同时水化学作为一种示踪剂，也是径流组分研究及水汽来源研究的重要指示剂。

5.1 天山山区冰雪融水水化学特征

自 20 世纪以来，全球气温不断呈现升高的趋势，冰盖和山岳的退缩状态也越来越显著(Barry, 2006; Dyurgerov et al., 2000; Oerlemans, 1994)。冰盖和冰川的变化与人类社会关系十分紧密，例如，基地冰盖的变化直接影响海平面起落，而干旱地区冰川退缩会带来水文、水资源时空的变化，大幅度的冰雪消融会引起冰雪洪水、滑坡等自然灾害。

我国天山现代冰川的研究开端于 20 世纪中期，1958 年中国科学院高山冰雪利用研究队成立，次年起对我国天山进行了大规模的科学考察，标志着我国开始了对我国天山冰川系统性的探索研究。同时，利用当时获得的航空图片和西部地区地形图资料，第一次对天山冰川进行了编目记录，统计到天山山地冰川面积为 $4865km^2$，确定了天山冰川粒雪线的高度及其变化幅度为 3800~4320m；在哈尔里克山开展了人工促进冰雪消融的试验研究等。

1959 年起在乌鲁木齐河源建立了中国第一个冰川观测研究站，开始对冰川积累、消融与物质平衡、冰川运动和变化、冰川气象和径流等进行系统观测研究。该站已成为中国资料系列最长的总和观测研究站，其成果发表在《天山乌鲁木齐河冰川与水文研究》(中国科学院地理研究所冰川冻土研究室, 1965)、《中国天山冰川站手册》(刘潮海等, 1991)、《天山冰川站年报》(1~12 期)以及在各种学术期刊的近 300 篇论文中(姚檀栋等, 1988; 张祥松等, 1984)。

1977~1978 年，中国科学院对天山托木尔峰进行了综合考察，对区内影响现代冰川形成与变化的诸多因素进行了综合考察研究，对冰川的形成、状态和演化规律有了新的认识。在冰川研究方面发现了一次更古老的阿克布隆冰期(中国科学院登山科学考察队, 1985)。

20 世纪 80 年代中期，按照国际冰川编目规范，中国科学院兰州冰川冻土研究所对我国天山冰川进行了系统的冰川编目,查明了天山冰川资源的数量和分布特征,并利用所获得的冰川面积和厚度资料建立了估算冰川储量的关系式(中国科学院兰州冰川冻土研究所,1986;刘潮海等,1986)。

积雪是指降雪覆盖在地球表面形成的雪层,它是地面气温低于冰点的寒冷季节的特殊自然景观和天气现象。当观测站视野范围内地表 1/2 以上面积被雪覆盖时,才认为出现了积雪,该天计为一个积雪日。积雪分永久性积雪和季节性积雪两大类。

季节性积雪一般划分为稳定积雪和不稳定积雪两个亚类。永久性积雪地区与季节性积雪地区自然是以年积雪日数 365 天为界,即以粒雪线或在冰川上以冰川平衡线为界限。稳定积雪区与不稳定积雪区界限采用年积雪日数 60 天(或 2 个月),年际变化率在 0.4 以下。不稳定积雪区在我国还可以分出两个亚类:年周期不稳定积雪区,即每年都出现积雪,年平均积雪日 10~60 天,积雪年变率 0.4~1.0;非周期性不稳定积雪区,该区有的年份出现积雪,有的年份不出现,甚至多年才出现一次积雪,年平均积雪数 0~10 天,年变率达 1.0~3.0。

我国天山山脉除海拔 3630~4290m 雪线以上 $1 \times 10^4 km^2$ 的永久性积雪区(相当于现代冰川面积)外,季节性积雪的分布与降水量一样具有明显的垂直地带性分布规律和水平地带性差异。受山地抬升的影响,山区积雪随海拔的上升而增加,如天山托木尔峰南坡的台兰冰川积累区,海拔 5200m 的粒雪盆地观测到有 150mm 左右的年纯积累量,这要比低海拔处的年降雪量大得多。受山地效应的作用,山区内带,如巴音布鲁克盆地,积雪深度明显少于外围山区。

冰雪融水径流属于季节性径流,其特点主要表现在季节性变化和昼夜变化等,在天山冰川区,每年 5 月下旬开始,冰雪消融,有微量的径流产生。6 月以后,随着气温的上升,冰雪消融逐渐强烈,融水径流不断增大。6~8 月,气温达到高温阶段,冰雪的消融也随之达到最强烈时段。天山冰雪融水径流水资源在各山系的分布以塔里木盆地水系最多,占整个天山冰雪融水径流量的 53%;其次为伊犁河水系和准噶尔盆地水系,分别占 27.4%和 17.3%;吐鲁番—哈密盆地水系最少,仅占天山冰雪融水径流水资源量的 2.3%(胡汝骥,2004)。天山冰雪融水补给比例分配不均匀,总的趋势是由东向西和由北向南递增,这一趋势与冰川规模数量和干旱度的不断增大有关。天山大部分河流由于冰雪融水的补给,水资源相当稳定,河川径流量的年际变化是新疆最小的,径流年变差系数为 0.3,还有天山东段一些短小河流,因受降水影响大,径流年变差系数也大,为 0.35~0.4(杨针娘,1991)。天山冰雪融水径流均为弱矿化软水,是适宜生活饮用的优质淡水。天山山区是天山河川径流的形成区,也是不少河流的发源地。同时,也是新疆发展经济的重要淡水资源。

本书选取天山山区乌鲁木齐河流域 1 号冰川进行冰川水化学的观测分析,根据观测的结果，冰川的 pH 在 7.75～9.03 波动，平均为 8.53，整体呈弱碱性。研究区冰川冰内 NO_3^- 浓度较小，部分样品低于仪器测量下限，因此，区域大气降水、冰川冰和河水中可溶性离子主要以 Ca^{2+} 和 HCO_3^- 为主，阴离子浓度遵循 HCO_3^- > SO_4^{2-} > Cl^- > NO_3^-；不同水体阳离子浓度顺序存在差异，冰川冰中为 Ca^{2+} > Na^+ > Mg^2 > K^+，与河水和降水中 Ca^{2+} > Na^+ > K^+ > Mg^{2+} 不一致，这主要是因为降水达到冰川表面，在成冰作用过程中与气溶胶中的可溶性物质发生交换，另外，大气中粉尘的干、湿沉降也是影响两者离子浓度差异的重要因素。同时，冰川冰样品采集于科其喀尔冰川消融区，可能是历史时期降水形成，其大气背景值也可能与 2004 年夏季存在差异，导致冰川冰中阳离子浓度区别于降水。另外，流域径流虽然主要来源于冰川冰融水，但在产汇流过程中硫化物的氧化作用及碳酸盐的碳酸化作用引起融水中可溶性离子组成发生变化，导致河水中各阳离子的浓度顺序区别于冰川冰。

5.2　天山山区降水水化学特征

本书选取天山山区北部的乌鲁木齐河流域开展长期的降水水化学监测研究（孙从建等，2017；Sun et al.，2016c），该流域降水量较少，因此能够达到测试级别的水样相对较少。

乌鲁木齐河流域的降水测试结果（表 5.1）显示，pH 总体呈中性（5.99～7.36）。枯水期较之丰水期降水 pH 高，其中在枯水期时降水的 pH 变化范围在 6.11～7.36，平均值为 6.75；在丰水期时降水的 pH 变化范围在 5.99～7.34，平均值为 6.30，小于枯水期降水 pH 的平均值。测定的结果显示，乌鲁木齐河流域降水呈现弱酸性。降水的 TDS 在丰、枯水期差异不明显，相似性较高，枯水期 TDS 变化在 60～215mg/L，平均值 143.75mg/L，而丰水期的 TDS 变化在 33.80～170.00mg/L，平均值为 82.49mg/L。

表 5.1　乌鲁木齐河流域降水水化学参数

化学参数	丰水期			枯水期		
	最大值	最小值	平均值	最大值	最小值	平均值
pH	7.34	5.99	6.30	7.36	6.11	6.75
TDS/(mg/L)	170.00	33.80	82.49	215.00	60.00	143.75
Na^+ 浓度/(mg/L)	5.92	0.03	1.29	1.87	0.04	0.85
K^+ 浓度/(mg/L)	3.58	0.23	1.40	1.53	0.23	0.78
Mg^{2+} 浓度/(mg/L)	5.17	0.14	0.97	1.36	0.28	0.79
Ca^{2+} 浓度/(mg/L)	46.03	2.79	14.33	34.54	3.29	13.96

续表

化学参数	丰水期			枯水期		
	最大值	最小值	平均值	最大值	最小值	平均值
Cl^-浓度/(mg/L)	49.81	1.59	12.82	5.74	0.76	2.70
HCO_3^-浓度/(mg/L)	63.70	6.32	38.70	89.81	17.96	46.60
SO_4^{2-}浓度/(mg/L)	11.49	1.62	4.16	30.39	1.98	10.63

分析降水中的主要离子发现，乌鲁木齐河流域降水枯水期中的主要离子浓度平均值由大到小排序为 $HCO_3^- > Ca^{2+} > SO_4^{2-} > Cl^- > Na^+ > Mg^{2+} > K^+$，各主要离子浓度平均值分别为 46.60mg/L、13.96mg/L、10.63mg/L、2.70mg/L、0.85mg/L、0.79mg/L、0.78mg/L；丰水期各离子浓度平均值排序为 $HCO_3^- > Ca^{2+} > Cl^- > SO_4^{2-} > K^+ > Na^+ > Mg^{2+}$，离子浓度平均值分别为 38.70mg/L、14.33mg/L、12.82mg/L、4.16mg/L、1.29mg/L、1.40mg/L、0.97mg/L。综合来看，乌鲁木齐河流域降水中 HCO_3^- 和 Ca^{2+} 的浓度平均值较大，是占绝对优势的阴离子和阳离子。

天山南坡的开都河流域、阿克苏河流域，以及昆仑山区的提孜那甫河流域及和田河流域的降水水化学研究结果表明，提孜那甫河降水、阿克苏河流域降水及和田河流域降水的水体化学性质相似。这三个流域降水中的主要阳离子为 Ca^{2+}，其他阳离子的含量极少。主要的阴离子为 HCO_3^-，其次为 SO_4^{2-}。这表明提孜那甫河、阿克苏河及和田河流域的降水的水化学类型为 Ca^{2+} - HCO_3^- 型或 Ca^{2+} - SO_4^{2-} 型。但是开都河流域的降水表现出不同于塔里木河流域其他区域降水的水化学性质，控制开都河流域降水的主要阳离子也是 Ca^{2+}，而阴离子则是 Cl^-。这说明开都河流域降水的水化学性质为 Ca^{2+} - Cl^- 型，这可能与当地气溶胶离子中携带大量的氯化物有关，在降雨过程中与 Cl^- 离子发生交互作用，使得降水中 Cl^- 含量增加。

5.3　天山山区地表水水化学特征

河流水化学研究对于合理可持续利用水资源、水资源管理、评价区域环境质量、水资源质量状况、水资源污染预测等具有重要意义。河流水化学研究不仅可以反映流域的自然环境，同时可以反映人类活动对流域的影响。为了系统地比较天山山区地表水的水化学特征空间分布规律，本书选择天山南坡的开都河流域及天山北坡的乌鲁木齐河流域作为典型研究区域，开展了天山山区的水化学研究。

5.3.1　河流水化学基本特征

测试结果显示(表 5.2)，开都河流域河水整体呈中性(pH 为 7.42～8.11)，枯水期的变化范围为 7.67~8.11，平均值为 7.95；丰水期的变化范围为 7.42~8.02，平均值为 7.73，小于枯水期河水 pH 的平均值。依据 TDS 的分类，开都河的河水属于淡水（<1g/L），除少数区域水样点 TDS 较大，呈微碱性（1~3g/L），开都河流域河水整体水质良好。河水的 TDS 在丰、枯水期差异不明显，相似性较高，河水 TDS 在枯水期变化范围在 58~1111mg/L，平均值为 390.66mg/L，而河水 TDS 在丰水期变化范围为 91~920mg/L，平均值为 351.81mg/L。丰水期河水的 TDS 较低主要是由于丰水期较多的降水及高山冰川融水对河水的稀释作用。

表 5.2　　开都河流域河水不同时期的水化学基本信息

化学参数	枯水期					丰水期				
	最大值	最小值	平均值	标准差	变异系数	最大值	最小值	平均值	标准差	变异系数
pH	8.11	7.67	7.95	0.22	0.03	8.02	7.42	7.73	0.17	0.02
TDS/(mg/L)	1111	58	390.66	317.81	0.81	920.00	91.00	351.81	185.00	0.53
Na^+ 浓度/(mg/L)	123.27	4.01	23.96	40.59	1.69	96.66	0.68	16.86	22.34	1.33
K^+ 浓度/(mg/L)	9.84	0.94	3.57	2.82	0.79	6.86	0.44	2.05	1.43	0.69
Mg^{2+} 浓度/(mg/L)	47.45	0.24	12.55	14.76	1.18	40.59	1.34	12.05	8.81	0.73
Ca^{2+} 浓度/(mg/L)	47.61	2.09	35.52	15	0.42	51.20	13.99	39.72	12.15	0.31
Cl^- 浓度/(mg/L)	127.29	2.85	24.13	42.51	1.76	111.74	0.82	19.84	25.62	1.29
HCO_3^- 浓度/(mg/L)	248.62	26.74	166.64	68.53	0.41	208.73	49.61	147.86	47.50	0.32
SO_4^{2-} 浓度/(mg/L)	227.75	1.59	51.69	74.18	1.44	208.98	8.98	53.95	44.66	0.83

对比流域河水中的主要阴阳离子发现，开都河流域河水枯水期水中的主要离子含量平均值由大到小排序为 $HCO_3^- > SO_4^{2-} > Ca^{2+} > Cl^- > Na^+ > Mg^{2+} > K^+$，各主要离子的离子浓度平均值分别为 166.64mg/L、51.69mg/L、35.52mg/L、24.13mg/L、23.96mg/L、12.55mg/L、3.57mg/L；丰水期河水各离子含量平均值排序为 $HCO_3^- > SO_4^{2-} > Ca^{2+} > Cl^- > Na^+ > Mg^{2+} > K^+$，离子浓度平均值分别为 147.86mg/L、53.95mg/L、39.72mg/L、19.84mg/L、16.86mg/L、12.05mg/L、2.05mg/L。综合来看，该研究区河水中浓度最大的阴离子和阳离子分别为 HCO_3^- 和 Ca^{2+}，其中枯水期河水中 HCO_3^- 和 Ca^{2+} 占阴离子和阳离子总量的 68.72% 和 46.98%，丰水期地下水中 HCO_3^- 和 Ca^{2+} 占阴离子和阳离子总量的 66.71% 和 56.19%，为绝对优势的阴离子和阳离子。

枯水期河水阳离子中 Na^+ 的变异系数较大（Na^+ 变异系数为 1.69，Mg^{2+} 变异系数为 1.18，Ca^{2+} 变异系数为 0.42，K^+ 变异系数为 0.79），相比其他阳离子而言稳定性较低，在水中变化较大。河水阴离子中 Cl^- 的变异系数较大（Cl^- 变异系数为 1.76，SO_4^{2-} 变异系数为 1.44，HCO_3^- 变异系数为 0.41），相比其他阴离子而言稳定性较低。

在丰水期河水阳离子中，Na^+ 的变异系数在主要阳离子中最大（Na^+ 变异系数为 1.33，Mg^{2+} 变异系数为 0.73，Ca^{2+} 变异系数为 0.31，K^+ 变异系数为 0.69），相比其他阳离子而言稳定性较低，在水中变化较大，容易与外界介质发生反应。丰水期河水阴离子中 Cl^- 的变异系数在主要阴离子中最大（Cl^- 变异系数为 1.29，SO_4^{2-} 变异系数为 0.83，HCO_3^- 变异系数为 0.32），相比其他阴离子而言稳定性较低。

本书在乌鲁木齐河流域依据海拔变化依次分布 6 个站点进行了河水样品的采样（Sun et al., 2016c）。各站点地表水的水样分析结果（表 5.3）表明，海拔 2630m 的站点 1 的河水 TDS 变化范围为 97.43～182.1mg/L。TDS 平均值为 136.78mg/L。Ca^{2+} 占阳离子总量比例最大，浓度变化范围为 19.42～40.19mg/L，平均浓度为 30.62mg/L，占离子总量的 25%。Na^+ 和 Mg^{2+} 浓度相当，均不到 4mg/L。K^+ 是阳离子中浓度最低的离子。阴离子中 HCO_3^- 浓度最大，高达 51.52mg/L，占离子总量的 42%。其次为 SO_4^{2-}，占离子总量的 15%。Cl^- 占离子总量的 10%。CO_3^{2-} 浓度最小。

表 5.3　乌鲁木齐河各站河水离子浓度、pH 的特征值

站点	取值	Ca^{2+} 浓度 /(mg/L)	K^+ 浓度 /(mg/L)	Mg^{2+} 浓度 /(mg/L)	Na^+ 浓度 /(mg/L)	Cl^- 浓度 /(mg/L)	SO_4^{2-} 浓度 /(mg/L)	CO_3^{2-} 浓度 /(mg/L)	HCO_3^- 浓度 /(mg/L)	TDS /(mg/L)	pH
站点 1	最大值	40.19	1.65	5.09	6.40	45.08	36.17	3.34	72.25	182.10	8.78
	最小值	19.42	0.80	2.23	1.92	1.29	4.15	0.00	20.93	97.43	6.57
	平均值	30.62	1.29	3.65	3.95	12.72	18.80	0.84	51.52	136.78	7.37
站点 2	最大值	46.69	2.60	5.67	7.88	44.23	55.38	0.00	71.85	179.33	8.19
	最小值	26.44	1.33	2.95	2.11	2.02	4.60	0.00	9.00	109.50	6.52
	平均值	38.81	1.70	4.56	4.67	11.81	31.14	0.00	45.73	146.71	7.39
站点 3	最大值	85.11	2.46	16.98	10.35	48.03	46.28	3.06	99.26	275.00	8.13
	最小值	33.92	1.15	3.54	3.35	2.22	4.66	0.00	60.27	166.50	6.57
	平均值	51.68	1.61	7.59	6.26	15.40	30.12	0.76	80.25	216.25	7.41
站点 4	最大值	55.80	1.61	6.87	11.02	53.06	58.64	3.06	97.30	228.50	8.06
	最小值	34.91	1.02	3.21	3.36	2.09	4.33	0.00	49.72	163.50	6.63
	平均值	46.34	1.28	5.46	6.94	13.23	32.34	0.68	74.93	203.53	7.59
站点 5	最大值	60.17	1.69	8.51	15.23	50.42	57.67	1.02	131.72	255.00	8.12
	最小值	42.27	1.11	4.96	6.89	2.96	4.36	0.00	58.01	184.50	6.47
	平均值	50.16	1.46	6.63	10.65	13.39	36.01	0.20	89.52	222.73	7.61
站点 6	最大值	62.86	2.33	9.51	16.84	48.74	67.30	0.68	106.96	255.00	8.07
	最小值	40.45	1.38	4.36	5.49	2.74	5.08	0.00	73.03	186.00	6.62
	平均值	51.19	1.61	7.00	10.78	13.67	36.86	0.14	87.00	232.27	7.58

站点 2 海拔为 2510m，距源头 18km。该站点河水 TDS 的变化范围为 109.4～179.33mg/L。TDS 平均值为 146.71mg/L。阳离子中 Ca^{2+} 占比最多，浓度变化范围为 26.44～46.69mg/L，平均浓度高达 38.81mg/L，占离子总量的 28%。Na^+ 和 Mg^{2+} 浓度相当，均不到 4.7mg/L。K^+ 是阳离子中浓度最低的离子。阴离子中 HCO_3^- 浓度最大，浓度变化范围为 9～71.85mg/L，平均浓度高达 45.73mg/L，占离子总量的 33%。阴离子 SO_4^{2-} 浓度突增，平均浓度高达 31.14mg/L，占离子总量的 22%。其次为 Cl^-，占离子总量的 9%。CO_3^{2-} 浓度最小。

站点 3 海拔为 2406m，距源头 19.87km。该站点河水样品的 TDS 变化范围为 166.5～275mg/L，TDS 平均值为 216.25mg/L。TDS 较站点 1 和站点 2 有明显增加。阳离子中 Ca^{2+} 占比最多，浓度变化范围为 33.92～85.11mg/L，平均浓度高达 51.68mg/L，占离子总量的 27%。Na^+ 和 Mg^{2+} 浓度相当，均不到 7.6mg/L。K^+ 是阳离子中浓度最低的离子。阴离子中 HCO_3^- 浓度最大，浓度变化范围为 60.27～99.26mg/L，平均浓度高达 80.25mg/L，占离子总量的 41%，与站点 1 和站点 2 相比有明显浓度增大的特征。阴离子 SO_4^{2-} 浓度依然和站点 2 相近，平均值为 30.12mg/L，占离子总量的 30.11%，其次为 Cl^-。CO_3^{2-} 浓度最小。

站点 4 海拔为 2145m，距离源头 24.97km。该站点河水样品的 TDS 变化范围为 163.5～228.5mg/L，TDS 平均值为 203.53mg/L。阳离子中 Ca^{2+} 占比最多，浓度变化范围为 34.91～55.8mg/L，平均浓度高达 46.34mg/L，占离子总量的 26%。Na^+ 和 Mg^{2+} 浓度相当，均不到 7mg/L。K^+ 是阳离子中浓度最低的离子。阴离子中 HCO_3^- 浓度最大，浓度变化范围为 49.72～97.3mg/L，平均浓度高达 74.93mg/L，与上一站点一样浓度较高，占离子总浓度的 41%。SO_4^{2-} 浓度依然较高，浓度为 32.34mg/L，占离子总浓度的 18%。其次为 Cl^- 占离子总量的 7%。CO_3^{2-} 浓度最小。

站点 5 海拔为 1904m，距离源头 39.78km。该站点河水样品的 TDS 变化范围为 184.5～255mg/L，TDS 平均值为 222.73mg/L。阳离子中 Ca^{2+} 占比最多，浓度变化范围为 42.27～60.17mg/L，平均浓度高达 50.16mg/L，占离子总量的 24%。Na^+ 和 Mg^{2+} 浓度相当，均不到 10.7mg/L，分别占离子总量的 5% 和 3%。K^+ 是阳离子中浓度最低的离子。阴离子中 HCO_3^- 浓度最大，浓度变化范围为 43.69～127.83mg/L，平均浓度高达 89.52mg/L，与上一站点一样浓度较高，占离子总量的 43%。SO_4^{2-} 浓度依然较高，平均浓度为 36.01mg/L，占离子总量的 17%。其次为 Cl^-，占离子总量的 7%。CO_3^{2-} 浓度最小。

站点 6 海拔为 1867m，距离源头 41.86km。该站点 TDS 变化范围为 186～255mg/L，TDS 平均值为 232.27mg/L。阳离子中 Ca^{2+} 占比最多，浓度变化范围为

40.45～62.86mg/L，平均浓度高达 51.19mg/L，占离子总量的 25%。Na^+ 和 Mg^{2+} 浓度相当，均不到 10.8mg/L。K^+ 是阳离子中浓度最低的离子。阴离子中 HCO_3^- 浓度最大，浓度变化范围为 73.03～106.96mg/L，平均浓度高达 87mg/L，与上一站点保持一致高度，占离子总量的 42%。SO_4^{2-} 浓度依然较高，平均浓度为 36.86mg/L，占离子总量的 18%。其次为 Cl^-，占离子总量的 7%。CO_3^{2-} 浓度最小。总体来看，随着海拔降低，距离源头越远，乌鲁木齐河流域 TDS 不断增大。阴阳离子中，优势离子并未改变，但浓度呈现增加的趋势。其中 SO_4^{2-} 从站点 2 开始有显著增加，其后浓度保持较高状态。

HCO_3^- 是阴离子中的主要离子。HCO_3^- 由站点 1 到站点 6 呈现逐步增加的趋势。站点 1 HCO_3^- 平均浓度为 51.52mg/L，站点 6 HCO_3^- 平均浓度为 87mg/L。增幅最大的是站点 2 到站点 3，由站点 2 的 45.73mg/L 突增到 80.25mg/L。SO_4^{2-} 是阴离子中的第二大离子。SO_4^{2-} 由海拔高的地方到海拔低的地方呈现稳步增加的趋势。站点 1 SO_4^{2-} 平均浓度为 18.80mg/L，主要由站点 2 突增到 31.14mg/L 以上之后增幅减小。Ca^{2+} 是阳离子中的主要离子。Ca^{2+} 由站点 1 到站点 6 离子浓度逐渐增加。站点 1 Ca^{2+} 平均浓度为 30.62mg/L，站点 6 Ca^{2+} 平均浓度为 51.19mg/L。其他离子质量占离子总质量的比值低，且变化较不显著。各个离子浓度变化基本与水体的 TDS 空间变化保持一致。

5.3.2　河水水化学的年际空间变化

为了更好地分析研究天山山脉河水水化学时空变化特征，将天山山脉河水的 pH、TDS 及主要的离子进行空间插值分析(图 5.1～图 5.8)。天山南坡以开都河流域为代表，天山北坡以乌鲁木齐河流域为代表进行分析(乌鲁木齐河采样点随海拔递减分别设置采样点)。

丰水期 pH 最小值出现在开都河流域中部(图 5.1)，最大值出现在开都河流域东南部，即河流的中下游地区，整体 pH 由中部向西北和东南递增，河流的下游 pH 最高。枯水期河水 pH 的空间差异较大，最小值出现在河流上游地区，最大值分布于流域西北部。丰水期的 pH(7.42～8.02)与枯水期(7.67～8.11)相比空间差异相似，在最大值和最小值的分布上变化较小，在最大值的分布上枯水期的范围较大。TDS 往往用以表征一个地区的水质状况，对开都河流域不同时期河水的监测结果显示，丰水期河水 TDS 的空间差异较小，TDS 由开都河中游向西南和东北逐渐递减，最大值出现在河流中下游，整体变化范围为 91～920mg/L。枯水期开都河河水 TDS 的空间差异明显，最小值与丰水期相比较，变化较大，最大值出现河流下游，范围扩大且最大值由 920mg/L 增加为 1111mg/L。

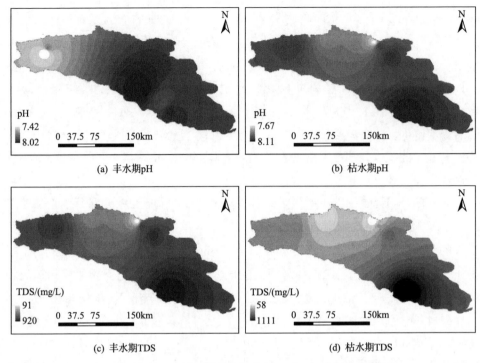

(a) 丰水期pH　　　　　　　　　　　　(b) 枯水期pH

(c) 丰水期TDS　　　　　　　　　　　(d) 枯水期TDS

图 5.1　开都河流域不同季节河水 TDS 和 pH 空间分布特征

　　由开都河流域河水在不同季节中水体主要离子的空间分布特征(图 5.2)可知,丰水期河水中阳离子浓度空间差异由大到小依次为 $Na^+ > Ca^{2+} > Mg^{2+} > K^+$。$Ca^{2+}$ 相对高值主要分布于开都河东南部的下游, 相对低值分布于开都河中上游, 变化范围为 13.99~51.20mg/L。Na^+ 相对低值主要分布于开都河的上游地区, 相对高值分布于开都河的下游地区, 变化范围为 0.68~96.66mg/L。Mg^{2+} 相对低值主要分布于开都河的上游地区, 相对高值分布于开都河的下游地区, 变化范围为 1.34~40.59mg/L。K^+ 浓度的相对低值主要分布于开都河的上游地区, 相对高值分布于开都河东南部下游地区, 变化范围为 0.44~6.86mg/L; 枯水期河水中阳离子浓度空间差异由大到小依次为 $Na^+ > Ca^{2+} > Mg^{2+} > K^+$。$Ca^{2+}$ 浓度相对低值主要分布于开都河的上游地区, 相对高值分布于开都河中下游地区, 变化范围为 2.09~47.61mg/L。Mg^{2+} 浓度相对低值主要分布于开都河的上游地区, 相对高值分布于开都河的下游地区, 变化范围为 0.24~47.45mg/L。Na^+ 浓度相对低值主要分布于开都河的上游地区, 相对高值分布于开都河的下游地区, 变化范围为 4.01~123.27mg/L。K^+ 浓度的相对低值主要分布于开都河的上游地区, 分布范围较小, 相对高值分布于开都河下游地区, 变化范围为 0.94~9.84mg/L。

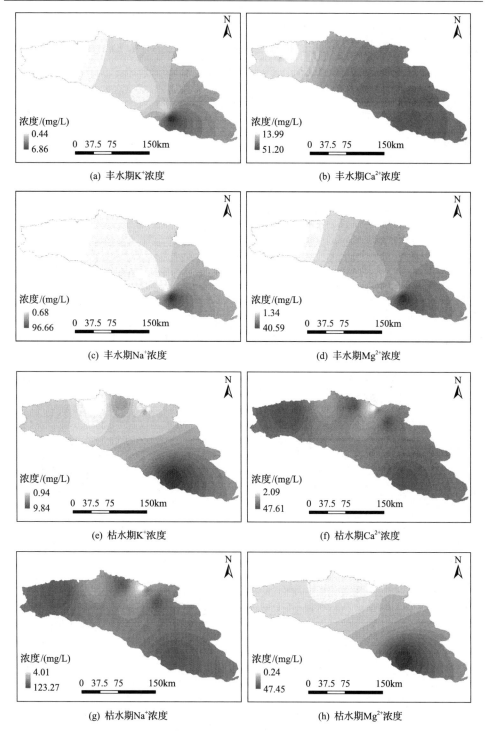

图 5.2 开都河流域河水不同季节河水主要阳离子空间分布特征

　　由图 5.3 可知，丰水期河水中阴离子浓度的空间差异由大到小依次为 $SO_4^{2-}>$ $HCO_3^->Cl^-$。HCO_3^- 浓度相对低值主要分布于开都河西北部的上游地区，相对高值分布于开都河东南部中下游地区，变化范围为 49.61～208.73mg/L。SO_4^{2-} 浓度相对高值主要分布于开都河的下游地区，相对高值分布开都河的中上游地区，变化范围为 8.98～208.98mg/L。Cl^- 浓度相对低值主要分布于开都河的中游地区，相对高值分布于开都河的下游地区，变化范围为 0.82～111.74mg/L；枯水期河水中阴离子浓度空间差异由大到小依次为 $SO_4^{2-}>HCO_3^->Cl^-$。HCO_3^- 浓度相对低

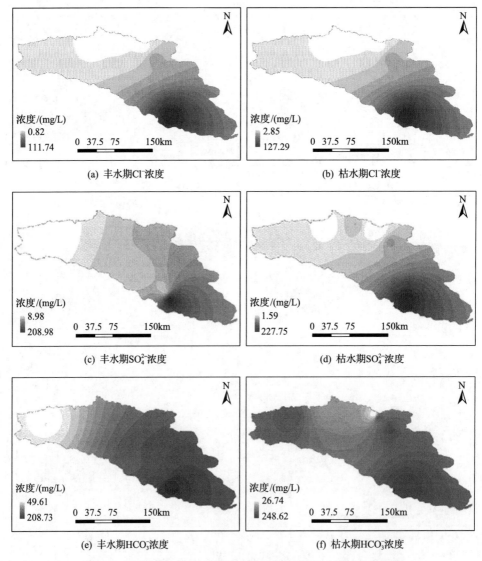

(a) 丰水期 Cl^- 浓度　　　　　　　　(b) 枯水期 Cl^- 浓度

(c) 丰水期 SO_4^{2-} 浓度　　　　　　(d) 枯水期 SO_4^{2-} 浓度

(e) 丰水期 HCO_3^- 浓度　　　　　　(f) 枯水期 HCO_3^- 浓度

图 5.3　开都河流域河水不同季节河水主要阴离子空间分布特征

值主要分布于开都河的中游地区，相对高值分布于开都河上游和下游地区，变化范围为 26.74～248.62mg/L。SO_4^{2-} 浓度相对低值主要分布于开都河的中上游地区，相对高值分布于开都河的下游地区，变化范围为 1.59～227.75mg/L。Cl^- 浓度相对低值主要分布于开都河的上游和中游地区，相对高值分布于开都的下游地区，变化范围为 2.85～127.29mg/L。

丰水期 pH 最小值出现在乌鲁木齐河西南部，即河流的上游地区(图 5.4)，最大值出现在乌鲁木齐河东北部，即河流的中下游地区，整体 pH 随海拔的递减，由西南向东北逐渐增加，河流的中下游 pH 最高。枯水期地下水 pH 的空间差异较小，最小值出现位置与丰水期相同，最大值分布于流域下游。丰水期的 pH(变化范围 7.1～7.7)与枯水期(变化范围 7.7～8.0)相比空间差异较大，在最大值和最小值的分布上变化较小，在最大值的分布上枯水期的范围较小，且海拔更低，仅集

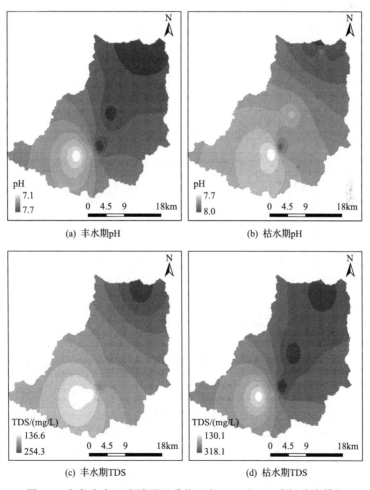

(a) 丰水期pH (b) 枯水期pH

(c) 丰水期TDS (d) 枯水期TDS

图 5.4 乌鲁木齐河流域不同季节河水 TDS 和 pH 空间分布特征

中于下游地区，中游地区 pH 较低。对乌鲁木齐河流域不同时期河水监测结果显示，丰水期河水 TDS 的空间差异较小，TDS 由乌鲁木齐河西南至东北逐渐递增，最大值出现在河流下游地区，整体变化范围为 136.6~254.3mg/L。枯水期乌鲁木齐河水 TDS 的空间差异明显，最小值与丰水期相比较，变化较小，最大值出现在河流西中下游地区，范围扩大且最大值由 254.3mg/L 增加为 318.1mg/L；不同时期的 TDS 最小值均出现于乌鲁木齐河流域的西南部，且范围大致相同，说明上游地区河水水质状况较好。

对比两个不同的时期河水 pH 及 TDS 变化情况，其中乌鲁木齐河中游地区河水 pH 及 TDS 季节变化显著，表明这一地区河水具有显著的季节补给差异；而西南部地区河水 pH 及 TDS 较小且没有显著的季节变化，说明这一区域河水水质状况较好，且不同时期的河水补给源没有显著差异，补给较为稳定。

由乌鲁木齐河流域河水在不同季节中水体主要阳离子的空间分布特征图(图 5.5)可知，丰水期河水中阳离子浓度空间差异由大到小依次为 $Ca^{2+} > Na^+ > Mg^{2+} > K^+$。$Ca^{2+}$ 浓度相对低值主要分布于乌鲁木齐河西南部的上游地区，相对高值分布于乌鲁木齐河东南部下游地区，变化范围为 28.2~127.0mg/L。Na^+ 浓度相对低值主要分布于乌鲁木齐河的上游地区，相对高值分布于乌鲁木齐河的下游地区，变化范围为 2.0~12.6mg/L。Mg^{2+} 浓度相对低值主要分布于乌鲁木齐河的上游地区，相对高值分布于乌鲁木齐河的下游地区，变化范围为 2.9~6.8mg/L。K^+ 浓度的相对低值主要分布于乌鲁木齐河的中游地区，相对高值分布于乌鲁木齐河西南部上游地区，变化范围为 1.1~3.9mg/L。枯水期河水中阳离子浓度空间差异由大到小依次为 $Ca^{2+} > Mg^{2+} > Na^+ > K^+$。$Ca^{2+}$ 浓度相对低值主要分布于乌鲁木齐河西南部的上游地区，相对高值分布于乌鲁木齐河中游地区，变化范围为 26.0~44.2mg/L。Mg^{2+} 浓度相对低值主要分布于乌鲁木齐河的上游地区，相对高

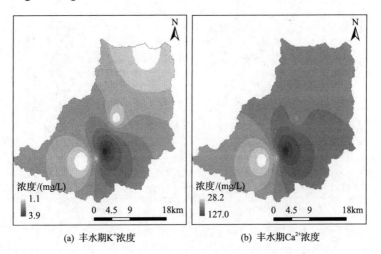

(a) 丰水期K⁺浓度　　　　　　　(b) 丰水期Ca²⁺浓度

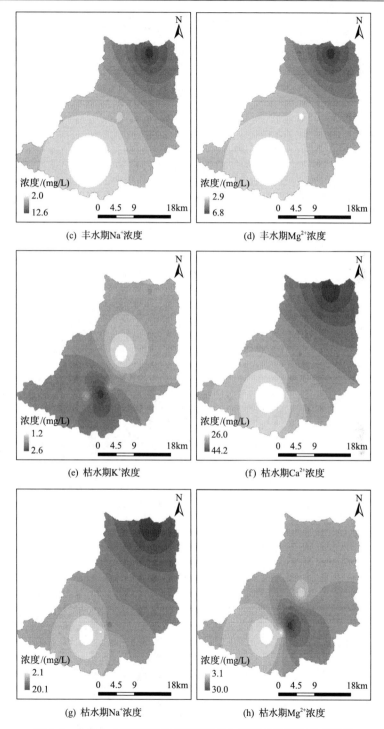

图 5.5　乌鲁木齐河流域不同季节河水主要阳离子空间分布特征

值分布于乌鲁木齐河的中游地区，变化范围为 3.1～30.0mg/L。Na⁺浓度相对低值主要分布于乌鲁木齐河的上游地区，相对高值分布于乌鲁木齐河的下游地区，变化范围为 2.1～20.1mg/L。K⁺浓度的相对低值主要分布于乌鲁木齐河的上游及中游地区，分布范围较小，相对高值分布于乌鲁木齐河西南部中游地区，变化范围为 1.2～2.6mg/L。

由图 5.6 可知，丰水期河水中阴离子浓度空间差异由大到小依次为 $HCO_3^- >$ $SO_4^{2-} > Cl^-$。HCO_3^- 浓度相对低值主要分布于乌鲁木齐河西南部的上游地区，相对高值分布于乌鲁木齐河东南部下游地区，变化范围为 72.3～130.8mg/L。SO_4^{2-} 浓度相对低值主要分布于乌鲁木齐河的中游和上游地区，相对高值分布于乌鲁木齐河的下游地区，变化范围为 25.5～42.3mg/L。Cl^- 浓度相对低值主要分布于乌鲁木齐河的上游和中游地区，相对高值分布于乌鲁木齐河的下游地区，变化范围为

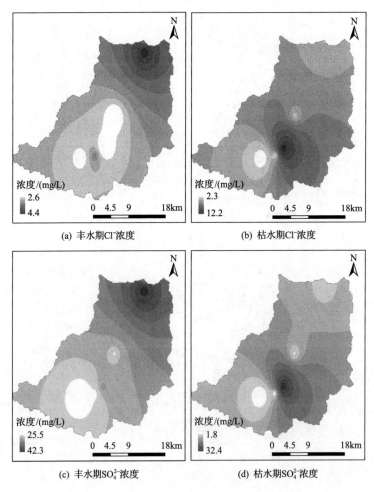

(a) 丰水期Cl⁻浓度   (b) 枯水期Cl⁻浓度

(c) 丰水期SO₄²⁻浓度   (d) 枯水期SO₄²⁻浓度

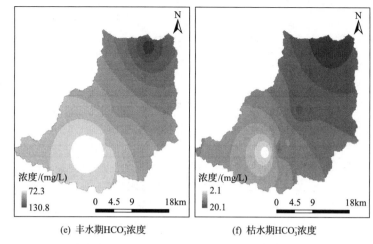

(e) 丰水期HCO₃⁻浓度　　　　　　　　(f) 枯水期HCO₃⁻浓度

图 5.6　乌鲁木齐河流域不同季节河水主要阴离子空间分布特征

2.6～4.4mg/L。枯水期河水中阴离子浓度空间差异由大到小依次为 SO_4^{2-} > HCO_3^- > Cl^-。SO_4^{2-} 浓度相对低值主要分布于乌鲁木齐河的上游地区，相对高值分布于乌鲁木齐河的中游地区，变化范围为 1.8～32.4mg/L。HCO_3^- 浓度相对低值主要分布于乌鲁木齐河西南部的上游地区，相对高值分布于乌鲁木齐河中下游地区，变化范围为 2.1～20.1mg/L。Cl^- 浓度相对低值主要分布于乌鲁木齐河的上游地区，相对高值分布于乌鲁木齐河的中上游地区，变化范围为 2.3～12.2mg/L。

5.3.3　地表水水化学类型

水化学类型是河水水化学特征的重要指标，判定水化学类型可以更好地认识区域水体环境，实现水资源的合理利用与保护。Piper 三线图广泛运用于水体水化学性质的分析、水体水化学类型的判读中。由开都河流域不同时期河水水化学类型(图 5.7)可知，开都河流域丰水期的河水离子分布与枯水期整体相似度较高，但不同季节河水水量的变化，使得开都河流域河水的水化学成分仍存在差异性。

丰水期时，开都河流域河水中 Ca^{2+} 为阳离子中的主要离子，其摩尔浓度相对含量大部分在 75%以上。Mg^{2+} 的摩尔浓度相对含量在 25%左右，个别样点的离子摩尔浓度相对含量达到 50%。$Na^+ + K^+$ 在丰水期阳离子中摩尔浓度相对含量较低，大部分低于 25%。HCO_3^- 为阴离子中的主要离子，其摩尔浓度相对含量大于75%；SO_4^{2-} 和 Cl^- 的摩尔浓度相对含量在 25%左右。丰水期河水阴离子多偏向于 HCO_3^- 一端，且阳离子多偏向 Ca^{2+} 一端时，表示开都河流域河水在丰水期受碳酸盐岩风化影响较重。丰水期时河水离子的分布比较集中，说明整体流域水化学类型较少，比较稳定，水化学类型主要为 HCO_3^- - Ca^{2+} 型，还有个别水样为 HCO_3^- -

Ca^{2+} - Na^+ 型。

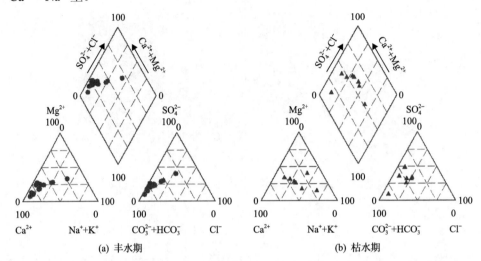

图 5.7　开都河流域不同时期 Piper 三线图

枯水期时，开都河流域河水 Ca^{2+} 和 Na^+ 为阳离子中的主要离子，其中 Ca^{2+} 的摩尔浓度相对含量均在 50%以上。Mg^{2+} 的摩尔浓度相对含量为 25%～50%，与丰水期相比含量增加。$Na^+ + K^+$ 的摩尔浓度相对含量由丰水期时的低于 25%变为 25%～50%，成为枯水期河水阳离子中的主要离子。HCO_3^- 为阴离子中的主要离子，其摩尔浓度相对含量大于 50%，SO_4^{2-} 的摩尔浓度相对含量由丰水期的低于 25%增加至 25%～50%。Cl^- 的摩尔浓度相对含量与丰水期相比减少，低于 25%。HCO_3^- 为阴离子中的主要离子。枯水期时河水离子的分布与丰水期相比较为分散，说明枯水期时开都河流域水化学类型增多，与丰水期相比稳定性低，水化学类型主要为 HCO_3^- - Ca^{2+} 型和 HCO_3^- - SO_4^{2-} - Na^+，还有个别水样为 HCO_3^- - Ca^{2+} - Mg^{2+}。

丰水期与枯水期相比，丰水期河水得到其他水体补给，河水中的水化学组分发生变化，河水水化学类型明显减少。

对乌鲁木齐河流域不同时期河水水化学类型(图 5.8)的分析结果显示，乌鲁木齐河流域丰水期的河水离子分布与枯水期整体相似度较低，不同季节河水水量的变化，使乌鲁木齐河流域的河水在不同时期差异性更显著。

丰水期时，乌鲁木齐河流域河水中 Ca^{2+} 为阳离子中的主要离子，其摩尔浓度相对含量大多数大于 75%。Mg^{2+} 的摩尔浓度相对含量低于 25%。$Na^+ + K^+$ 的摩尔浓度相对含量小于 25%。HCO_3^- 和 SO_4^{2-} 为阴离子中的主要离子，HCO_3^- 摩尔浓度相对含量最高，均大于 75%；SO_4^{2-} 的摩尔浓度相对含量为 25%～50%。Cl^- 的摩尔浓度相对含量低于 25%。阴离子多偏向于 HCO_3^- 和 SO_4^{2-} 一端，阳离子多偏向

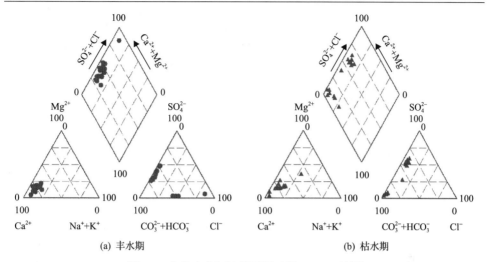

(a) 丰水期　　　　　　　　　　　　　(b) 枯水期

图 5.8　乌鲁木齐河流域不同时期 Piper 三线图

Ca^{2+} 一端，表示乌鲁木齐河流域河水在丰水期受到一定的碳酸盐岩风化影响，同时 SO_4^{2-} 含量较高，表明流域可能有个别部分处于含石膏的沉积岩区。丰水期时河水离子的分布比较集中，说明乌鲁木齐流域整体流域水化学类型简单，水化学类型主要以 HCO_3^--SO_4^{2-}-Ca^{2+} 为主。

枯水期时，乌鲁木齐河流域河水中 Ca^{2+} 为阳离子中的主要离子，与丰水期相比其摩尔浓度相对含量最小值由 75%降为 50%，为 50%～75%。Mg^{2+} 的摩尔浓度相对含量低于 25%，Na^++K^+ 的摩尔浓度相对含量小于 25%。HCO_3^- 和 SO_4^{2-} 为阴离子中的主要离子，HCO_3^- 仍然是摩尔浓度相对含量最高的阴离子，其摩尔浓度相对含量为 70%～90%；SO_4^{2-} 的摩尔浓度相对含量为 15%～50%。Cl^- 的摩尔浓度相对含量低于 25%。阴离子多偏向于 HCO_3^- 和 SO_4^{2-} 一端，阳离子多偏向 Ca^{2+} 一端，个别样点向 Na^+ 一端偏离，且 SO_4^{2-}-Cl^- 含量上升，同时枯水期时河水离子的分布与丰水期相比较为分散，说明枯水期时乌鲁木齐河流域水化学类型增多，可能受到其他水体的补给，与丰水期相比稳定性低，造成水化学组分发生变化。枯水期主要水化学类型主要为 HCO_3^--SO_4^{2-}-Ca^{2+} 型，个别区域出现 HCO_3^--SO_4^{2-}-Cl^--Ca^{2+} 型。

丰水期与枯水期相比，乌鲁木齐河流域河水水化学类型单一，表明乌鲁木齐河流域河水中的组分发生变化，Cl^- 和 Na^+ 的相对含量减小，河水的水化学类型减少。

5.3.4　河流水化学离子来源及控制因素

Gibbs 通过对地球上不同水体(包括海洋水、河流、湖泊、深层地下水、浅层地下水、降水等)的水化学构成和浓度变化进行研究发现：世界上水体的水化学性质主要受三种控制因素的影响：大气降水控制、不同类型的岩石风化影响控制、蒸发-浓缩控制。在如何判断是受这三种控制因素影响时，Gibbs 通过一个函数图来判断，也就是现在运用非常广泛的水化学分析方法——Gibbs 图法。Gibbs 图是一种复合函数坐标图，纵坐标为 TDS，即水体中溶解物质的总和，纵坐标刻度采用对数标注。横坐标有两个，分别为阳离子 $Na^+/(Na^+ + Ca^{2+})$ 和阴离子 $Cl^-/(Cl^- + HCO_3^-)$ 的质量浓度比。

对于离子起源的自然影响因素，Gibbs(1971) 设计的 TDS 与 $Na^+/(Na^+ + Ca^{2+})$ 质量浓度比的关系图或 TDS 与 $Cl^-/(Cl^- + HCO_3^-)$ 质量浓度比的关系图能简单有效地判断河水中离子各种起源机制(大气降水、风化作用和蒸发-结晶作用)的相对重要性(沈照理等，1993)。一般认为在 Gibbs 图中，如果 TDS 低的河水具有较高的 $Na^+/(Na^+ + Ca^{2+})$ 质量浓度比或 $Cl^-/(Cl^- + HCO_3^-)$ 质量浓度比接近 1，就代表该河水的点分布在图的右下角，反映了该水体主要受大气降水影响；TDS 中等的河流，即离子总量为 60～350mg/L，具有较低的 $Na^+/(Na^+ + Ca^{2+})$ 质量浓度比或 $Cl^-/(Cl^- + HCO_3^-)$ 质量浓度比(小于 0.5)，就代表该河水的点分布在图的中部左侧，反映了该水体主要影响因素为可溶性岩石的风化作用；可溶性岩石含量非常高的河流又具有较高的 $Na^+/(Na^+ + Ca^{2+})$ 质量浓度比或 $Cl^-/(Cl^- + HCO_3^-)$ 质量浓度比接近 1，代表该河水的点分布在图的右上角，反映了该水体的主要控制因素为蒸发浓缩作用，一般分布于干旱强蒸发地区(陈静生，1987)。Gibbs 图也初步反映出一般水体水化学性质的控制因素考虑可溶性岩石的风化作用，一般陆地上的可溶性岩石有碳酸盐类、硅酸盐类、蒸发岩类及含硫较高的岩等。

本书通过对天山南北两个典型内陆河流域开都河流域与乌鲁木齐河流域的地表水的 Gibbs 图的建构，分析天山山区主要地表水水化学离子来源。在开都河流域的河水丰水期 Gibbs 图中(图 5.9)，河水的 TDS 分别与 $Na^+/(Na^+ + Ca^{2+})$ 和

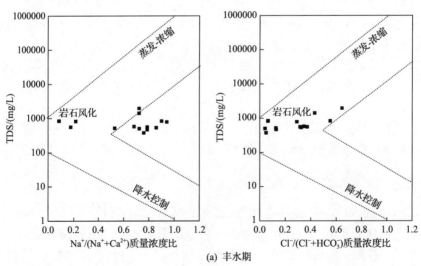

(a) 丰水期

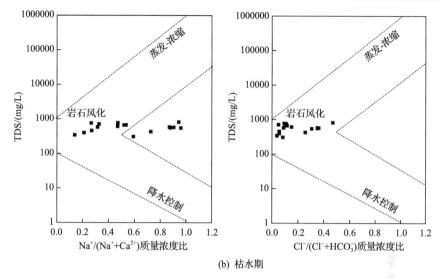

(b) 枯水期

图 5.9　开都河流域河水不同时期 Gibbs 图

$Cl^-/(Cl^-+HCO_3^-)$ 质量浓度比关系图的横坐标数值大多数小于 0.5，图中水样点的分布位于图的中部偏左，表示开都河流域河水水化学特征的形成主要受岩石风化的影响，个别水样点横坐标大于 0.5，表示在丰水期开都河河水受到人为影响。枯水期时，由 Gibbs 图可以看出，开都河的河水水化学特征的形成仍受到岩石风化的影响，并且受到的人为影响与丰水期相比减少，产生这种现象的原因可能是丰水期时人类对河水更加依赖，生产及生活用水增多，水中的水化学成分受到影响。

在乌鲁木齐河流域河水丰水期的 Gibbs 图(图 5.10)中，河水的 TDS 分别与

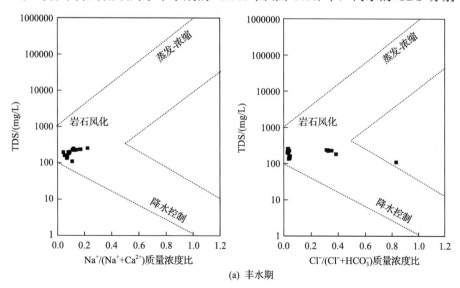

(a) 丰水期

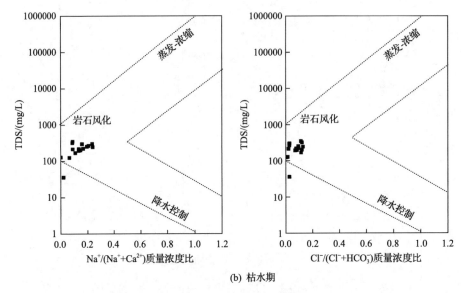

(b) 枯水期

图 5.10　乌鲁木齐河流域河水不同时期 Gibbs 图

$Na^+/(Na^++Ca^{2+})$ 和 $Cl^-/(Cl^-+HCO_3^-)$ 质量浓度比关系图的横坐标数值多小于 0.5，图中水样点的分布位于图的左侧中部，表示乌鲁木齐河流域河水水化学特征的形成受岩石风化的影响严重。枯水期时，由 Gibbs 图可以看出，乌鲁木齐河流域的河水水化学特征的形成仍受到岩石风化的影响。不同时期的乌鲁木齐河流域河水水化学 Gibbs 图中均未显示有明显的人为影响。

5.4　地下水水化学特征

5.4.1　地下水水化学基本信息

　　本节同样选择天山南坡的开都河流域及天山北坡的乌鲁木齐河流域作为典型区域，在流域尺度开展长期的地下水采样，并对地下水样品的水化学基本信息进行测定。测试结果显示(表 5.4)，开都河流域地下水 pH 整体呈中性(7.19～8.63)，其中枯水期 pH 变化范围为 7.77～8.17，平均值为 8.04；丰水期地下水 pH 变化范围为 7.19～8.63，平均值为 7.68，小于枯水期地下水 pH 的平均值。地下水按照 TDS 的分类，属于淡水(<1g/L)，开都河流域地下水整体水质良好。地下水的 TDS 在丰、枯水期差异显著，枯水期地下水 TDS 变化范围为 308～815mg/L，平均值 574.41mg/L，而丰水期的地下水 TDS 变化范围为 376～1955mg/L，平均值为 765mg/L。

表 5.4　开都河流域地下水不同时期水化学基本信息

化学参数	枯水期					丰水期				
	最大值	最小值	平均值	标准差	变异系数	最大值	最小值	平均值	标准差	变异系数
pH	8.17	7.77	8.04	0.11	0.01	8.63	7.19	7.68	0.37	0.05
TDS/(mg/L)	815.00	308.00	574.41	149.81	0.26	1955.00	376.00	765.64	428.30	0.56
Na^+ 浓度/(mg/L)	150.18	7.56	51.18	39.96	0.78	327.22	6.98	85.72	86.39	1.01
K^+ 浓度/(mg/L)	5.54	1.48	3.39	1.36	0.40	8.79	0.69	3.41	2.26	0.66
Mg^{2+} 浓度/(mg/L)	51.60	2.15	16.50	13.36	0.81	59.80	3.17	18.91	14.85	0.79
Ca^{2+} 浓度/(mg/L)	64.60	4.31	32.08	19.02	0.59	135.88	6.69	58.54	45.11	0.77
Cl^- 浓度/(mg/L)	110.55	7.78	39.70	25.90	0.65	311.83	11.51	77.64	84.13	1.08
HCO_3^- 浓度/(mg/L)	463.98	103.09	218.84	104.04	0.48	423.47	99.21	206.80	99.37	0.48
SO_4^{2-} 浓度/(mg/L)	174.13	19.41	75.47	39.99	0.53	518.92	24.88	147.34	135.89	0.92

　　开都河流域地下水枯水期水中的主要离子浓度平均值由大到小排序为 $HCO_3^- > SO_4^{2-} > Na^+ > Cl^- > Ca^{2+} > Mg^{2+} > K^+$，各主要离子的平均浓度分别为 218.84mg/L、75.47mg/L、51.18mg/L、39.70mg/L、32.08mg/L、16.50mg/L、3.39mg/L；丰水期地下水各离子浓度平均值排序为 $HCO_3^- > SO_4^{2-} > Na^+ > Cl^- > Ca^{2+} > Mg^{2+} > K^+$，离子浓度分别为 206.8mg/L、147.34mg/L、85.72mg/L、77.64mg/L、58.54mg/L、18.91mg/L、3.41mg/L。综合来看，该研究区地下水各离子中 HCO_3^- 和 Na^+ 分别是浓度较高的阴离子和阳离子，其中枯水期地下水中 HCO_3^- 和 Na^+ 占阴离子和阳离子总量的 65.50%和 49.60%，丰水期地下水中 HCO_3^- 和 Na^+ 占阴离子和阳离子总量的 48%和 51%，为绝对优势的阴离子和阳离子。

　　在枯水期地下水阳离子中，Mg^{2+} 的变异系数相对较大（Na^+ 变异系数为 0.78，Mg^{2+} 变异系数为 0.81，Ca^{2+} 变异系数为 0.59，K^+ 变异系数为 0.40），与其他阳离子相比稳定性较低，在水中变化较大，容易与外界介质发生反应。枯水期地下水阴离子中 Cl^- 的变异系数较大（Cl^- 变异系数为 0.65，SO_4^{2-} 变异系数为 0.53，HCO_3^- 变异系数为 0.48），稳定性低。

　　在丰水期地下水阳离子中，Na^+ 的变异系数相对较大（Na^+ 变异系数为 1.01，Mg^{2+} 变异系数为 0.79，Ca^{2+} 变异系数为 0.77，K^+ 变异系数为 0.66），与其他阳离子相比稳定性较低，在水中变化较大，容易与外界介质发生反应。丰水期地下水阴离子中 Cl^- 的变异系数较大（Cl^- 变异系数为 1.08，SO_4^{2-} 变异系数为 0.92，

HCO_3^- 变异系数为 0.48），与其他阴离子相比稳定性较低。

　　天山北坡乌鲁木齐河流域地下水丰水期地下水样品水化学的测试结果显示（表 5.5），乌鲁木齐河流域地下水整体呈中性（pH 介于 7.00～7.90），pH 平均值为 7.41。地下水按照 TDS 的分类，属于淡水（<1g/L），流域地下水整体水质良好。丰水期地下水 TDS 变化范围为 128～245mg/L，平均值 164.86mg/L。

表 5.5　乌鲁木齐河流域地下水丰水期地下水样品水化学基本信息

化学参数	丰水期				
	最大值	最小值	平均值	标准差	变异系数
pH	7.90	7.00	7.41	0.29	0.04
TDS/(mg/L)	245.00	128.50	164.86	48.21	0.29
Na^+ 浓度/(mg/L)	7.08	3.30	4.89	1.57	0.32
K^+ 浓度/(mg/L)	1.30	0.80	1.01	0.17	0.17
Mg^{2+} 浓度/(mg/L)	7.03	4.20	5.08	1.19	0.23
Ca^{2+} 浓度/(mg/L)	65.00	36.40	46.05	11.71	0.25
Cl^- 浓度/(mg/L)	3.00	1.90	2.38	0.43	0.18
HCO_3^- 浓度/(mg/L)	122.96	78.80	94.55	18.05	0.19
SO_4^{2-} 浓度/(mg/L)	44.00	4.61	30.81	16.45	0.53

　　乌鲁木齐河流域地下水丰水期地下水中的主要离子平均浓度由大到小排序为 $HCO_3^- > Ca^{2+} > SO_4^{2-} > Mg^{2+} > Na^+ > Cl^- > K^+$，各主要离子的离子浓度分别为 94.55mg/L、46.05mg/L、30.81mg/L、5.08mg/L、4.89mg/L、2.38mg/L、1.01mg/L。研究区地下水各离子中 HCO_3^- 和 Ca^{2+} 分别是含量较大的阴离子和阳离子，枯水期地下水中 HCO_3^- 和 Ca^{2+} 占阴离子和阳离子总量的 68.72%和 46.98%，为绝对优势的阴离子和阳离子。

　　丰水期地下水阳离子中 Na^+ 的变异系数相对较大（Na^+ 变异系数为 0.32，Mg^{2+} 变异系数为 0.23，Ca^{2+} 变异系数为 0.25，K^+ 变异系数为 0.17），与其他阳离子相比稳定性较低，在水中变化较大，容易与外界介质发生反应。丰水期地下水阴离子中 SO_4^{2-} 的变异系数相对较大（Cl^- 变异系数为 0.18，SO_4^{2-} 变异系数为 0.53，HCO_3^- 变异系数为 0.19），与其他阴离子相比稳定性较低。

5.4.2　地下水水化学类型

　　传统的地下水水化学分类方法以水中存在的主要离子为基础，用阴、阳离子每升毫克当量的百分数来划分。因为地下水的化学成分是在一定温度和压力下，水与所在含水层的矿物之间化学反应的结果，所以在研究天山山脉地下水具体水化学类型时，Piper 三线图对于研究地下水的化学成分是非常有意义的。由不同矿物构成的含水层中水的化学特征就存在差别，即使在同一含水层中，也会因水的停留时间或者径流路径不同而表现出一定的变动范围或者分带性(王瑞久，1983)。

由图 5.11 可知，开都河流域丰水期的地下水离子分布与枯水期相比，整体相似度低。这样的分布特征反映了地下水水化学类型的复杂性与多样性。丰水期时，开都河流域地下水中 Ca^{2+} 和 Na^+ 为阳离子中的主要离子，两种离子在图中的分布范围较广。Mg^{2+} 的摩尔浓度相对含量较低，整体在 25%左右。HCO_3^- 和 SO_4^{2-} 为阴离子中的主要离子，其中 HCO_3^- 摩尔浓度相对含量均在 25%以上，部分在 75%～90%；SO_4^{2-} 的摩尔浓度相对含量为 20%～50%，其中大部分达到 25%。Cl^- 的摩尔浓度相对含量多数为 25%左右，个别水样点的 Cl^- 摩尔浓度相对含量达到 30%。当阴离子多偏向于 HCO_3^- 一端，且阳离子多偏向 Ca^{2+} 一端时，表示水体受碳酸盐岩风化影响较重；当阴离子多远离 HCO_3^- 一端，偏向 SO_4^{2-} - Cl^-，阳离子多偏向 Na^+ + K^+ 时，表示水体受蒸发影响较严重(张利田等，2000)。开都河流域地下水在丰水期受到碳酸盐风化影响较大，同时阳离子偏向 Na^+ + K^+，但是 Cl^- 的摩尔浓度相对含量较低，说明水体受一定程度的蒸发影响。

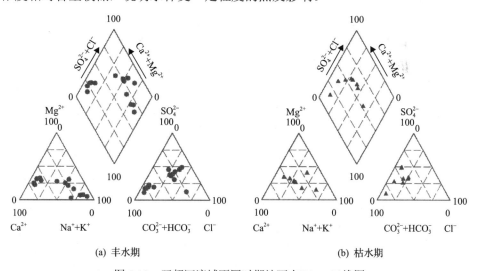

图 5.11 开都河流域不同时期地下水 Piper 三线图

枯水期时，开都河流域地下水 Na^+ 为阳离子中的主要离子，其摩尔浓度相对含量多数为 25%～75%，还有少数水样点位于 90%。Mg^{2+} 的摩尔浓度相对含量与丰水期相比有较大幅度的增加，多数点分布于 25%～75%。Ca^{2+} 的摩尔浓度相对含量大于 25%的点增加，与丰水期相比点的分布趋于集中。HCO_3^- 为阴离子中的主要离子，其摩尔浓度相对含量多在 25%～90%，SO_4^{2-} 的摩尔浓度相对含量与丰水期相比变化较小，但是水样的分布趋于集中。Cl^- 的摩尔浓度相对含量与丰水期相比变化较小。

与前文中河水不同时期 Piper 三线图相比，开都河地下水水样点在 Piper 三线图(图 5.12)中的分布更加分散，同时不同时期的地下水水化学类型也更加复杂，说明在开都河流域地下水与河水相比更容易受到其他水体的影响，且与岩石矿物之间的联系更加密切。

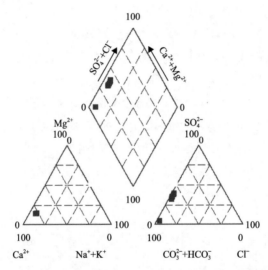

图 5.12　乌鲁木齐河流域丰水期地下水 Piper 三线图

由于地下水采样点位置的特殊性，枯水期地下水采样困难，且采集水样可能受到温度影响，为了数据的精确性，本书只对乌鲁木齐河流域丰水期的地下水进行分析。丰水期时，乌鲁木齐河流域地下水中 Ca^{2+} 为阳离子中的主要离子，其摩尔浓度相对含量为 75%。Mg^{2+} 和 $Na^+ + K^+$ 的摩尔浓度相对含量较低，均低于 25%。HCO_3^- 和 SO_4^{2-} 为阴离子中的主要离子，其中 HCO_3^- 摩尔浓度相对含量均在 50%以上，部分摩尔浓度相对含量为 90%。SO_4^{2-} 的摩尔浓度相对含量为 20%～50%。Cl^- 的摩尔浓度相对含量多数低于 25%。当阴离子多偏向于 HCO_3^- 一端，且阳离子多偏向 Ca^{2+} 一端时，则表示水体受碳酸盐岩风化影响较重，乌鲁木齐河流域地下水在丰水期受碳酸盐风化影响较重。

5.4.3　地下水水化学离子来源及控制因素

在开都河流域不同时期地下水 Gibbs 图(5.13)中，地下水的 TDS 与 $Na^+/(Na^+ +$

Ca^{2+}) 和 $Cl^-/(Cl^-+HCO_3^-)$ 质量浓度比关系图的横坐标数值大多小于 0.5。图中水样点的分布位于图的左侧中部，表示开都河流域地下水水化学特征的形成主要受岩石风化的影响，个别水样点横坐标大于 0.5，表示在丰水期开都河流域地下水受人为影响。枯水期时，由 Gibbs 图可以看出，开都河流域的地下水水化学特征的形成仍受岩石风化的影响，并且与丰水期相比受到的人为影响增大。

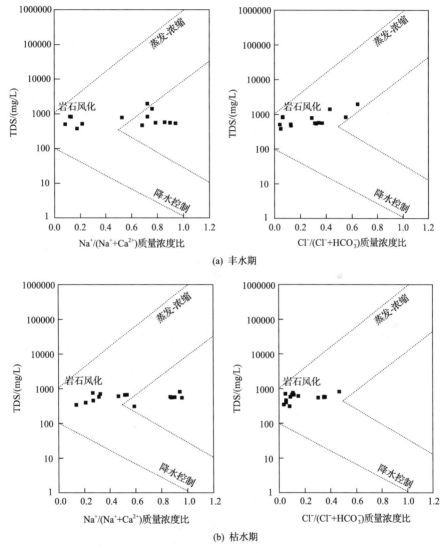

图 5.13　开都河流域不同时期地下水 Gibbs 图

在乌鲁木齐河流域丰水期地下水 Gibbs 图(图 5.14)中，地下水的 TDS 与 $Na^+/(Na^++Ca^{2+})$ 和 $Cl^-/(Cl^-+HCO_3^-)$ 质量浓度比关系图的横坐标数值均小于

0.5，图中水样点的分布全部位于图的左侧中部，表示乌鲁木齐河流域地下水水化学特征的形成主要受岩石风化的影响。由于乌鲁木齐河上游属于高山冻土区，枯水期地下水采样困难，故只对丰水期地下水进行讨论。

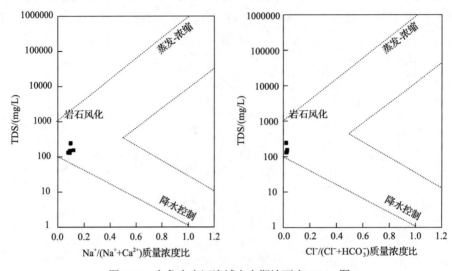

图 5.14　乌鲁木齐河流域丰水期地下水 Gibbs 图

5.5　本　章　小　结

　　水是动物和植物及人类生产生活必不可少的重要资源。水资源的变化是天山山脉研究的重要部分。天山山脉位置的特殊性，使得不同水体之间的联系也极其特殊。本章通过对天山山脉的冰川水、融雪水、降水、河流和地下水进行水化学特征分析，对河流和地下水的水样进行水中离子来源控制影响因素分析来加深对天山山脉水体的认识。河流作为全球水循环的重要组成部分，在元素地球化学循环中起着重要作用，它是海陆间物质能量交换的重要通道，其水化学特征反映流域岩性、大气沉降、气候以及人类活动等重要因素对流域的影响。地下水是水资源的重要组成部分，在自然系统的循环过程中，与其接触的岩石圈、生物圈和大气圈进行着极其复杂的物质、能量和信息交换，水文化学特征在时空尺度上都在不断地变化。因此，通过对地下水水化学的时空变异特征与演变规律进行研究，可以更好地揭示地下水与环境的相互作用机制，为环境资源管理提供科学依据。

　　本章在对地下水和地表水以及降水进行系统取样分析的基础上，综合运用描述性统计、相关性分析和 Piper 三线图法，全面系统地研究天山山区水体水化学的时空变异特征与演变规律，揭示了岩石风化和人类活动是控制地下水质演变的主要水文化学过程，从而为开都河流域和乌鲁木齐河流域水资源可持续开发利用和管理提供科学依据。

天山山区的降水 pH 总体呈中性(7.42~8.11)。与丰水期相比,枯水期降水 pH 高。降水的 TDS 在丰、枯水期差异不明显,相似性较高。降水的水化学类型多为 Ca^{2+} - HCO_3^- 型或 Ca^{2+} - SO_4^{2-} 型。

河水的水化学特征分析结果显示,天山南坡的开都河流域河水整体呈中性(pH 在 7.42~8.11),河水整体水质良好。河水的 TDS 在丰、枯水期差异不明显,相似性较高。河水各离子中 HCO_3^- 和 Ca^{2+} 的含量较大,丰水期地下水中 HCO_3^- 和 Ca^{2+} 为绝对优势的阴离子和阳离子。枯水期河水 pH 的空间差异较大,最小值出现在河流上游地区,最大值分布于流域西北部。丰水期的 pH(7.42~8.02)与枯水期(7.67~8.11)相比空间差异相似,在最大值和最小值的分布上变化较小,在最大值的分布上枯水期的范围较大。开都河流域,丰水期河水 TDS 的空间差异较小,TDS 由开都河中游向西南和东北逐渐递减,最大值出现在河流中下游,整体变化范围为 91~920mg/L,水化学类型主要为 HCO_3^- - Ca^{2+} 型,还有个别水样为 HCO_3^- - Ca^{2+} - Mg^{2+} 型。枯水期开都河河水 TDS 的空间差异明显,最小值与丰水期相比较,变化较大,最大值出现河流下游,水化学类型主要为 HCO_3^- - Ca^{2+} 型和 HCO_3^- - SO_4^{2-} - Na^+ 型,还有个别水样为 HCO_3^- - Ca^{2+} - Mg^{2+} 型。开都河流域河水水化学特征的形成仍是受岩石风化的影响,并且受到人为影响。

天山北坡的乌鲁木齐河流域河水整体水质优于天山南坡,其中乌鲁木齐河中游地区河水 pH 及 TDS 季节变化显著。西南部地区河水 pH 及 TDS 较小且没有显著的季节变化。丰水期乌鲁木齐河河水水化学类型主要以 HCO_3^- - SO_4^{2-} - Ca^{2+} 型为主。枯水期,乌鲁木齐河流域河水中 Ca^{2+} 为阳离子中的主要离子,主要水化学类型主要为 HCO_3^- - SO_4^{2-} - Ca^{2+} 型,个别区域出现 HCO_3^- - SO_4^{2-} - Cl^- - Ca^{2+} 型。乌鲁木齐河流域的河水水化学特征的形成仍是受岩石风化的影响,未显示有明显的人为影响。

地下水水化学的分析结果显示,开都河流域地下水 pH 整体呈中性(7.19~8.63),其中枯水期 pH 高于丰水期地下水 pH。地下水属于淡水(<1g/L),开都河流域地下水整体水质良好。地下水的 TDS 在丰、枯水期差异显著。乌鲁木齐河流域地下水整体呈中性(pH 介于 7.00~7.90),pH 平均值为 7.41。地下水按照 TDS 的分类,属于淡水(<1g/L),流域地下水整体水质良好。枯水期地下水 TDS 变化范围为 128~245mg/L,平均值 164.86mg/L。开都河地下水水样点在 Piper 三线图中的分布更加分散,同时不同时期的地下水水化学类型也更加复杂,说明在开都河流域地下水与河水相比更容易受其他水体的影响,与岩石矿物之间的联系更加密切。乌鲁木齐河流域地下水水化学特征的形成主要受岩石风化的影响。由于乌鲁木齐河上游属于高山冻土区,枯水期地下水采样困难,故只对丰水期地下水进行讨论。

第6章 天山山区不同水体稳定同位素特征

6.1 天山山区降水氢氧稳定同位素特征

大气中的氮和氧的浓度占了 99.03%,而近地面水汽含量只有 $(0.4\sim400)\times10^{-2}$% (Gat et al., 2001)。这看来只是很小的一部分,却是水圈中最活跃的一部分,它构筑了海洋水和陆地水(包括地表水和地下水)之间的相互关系和其间的同位素关系。近地面水汽的平均滞留时间约为 10 天(Gat et al., 2001),与水圈中的其他水体相比,它有着很强的交换过程。

随着高度增大,云层水汽中的同位素组成,如 ^{2}H 和 ^{18}O 趋于贫乏。在北半球中纬度上空,对流层下部的垂直梯度很大,其极值可达–500‰VSMOW,到对流层顶以上,水汽中的 δ^2H 则逐渐增大到约–300‰VSMOW,认为是平流层中甲烷氧化产生 H_2O 的缘故。

近地气层水汽的许多观测表明,水汽中 δ^2H 和空气湿度之间存在正相关关系。重要的是,从地面高度处实测的当地水汽和降水来看,温带绝大部分情况下维持着同位素平衡。

大气降水作为最重要的水资源,是地表水资源的主要来源,也是冰川形成的重要成分。水资源作为人类赖以生存和发展的基本条件,影响和制约一地区生态环境保护和经济社会发展。与普通水文学不同,同位素水文学中有大气水(meteoric water)的概念,但并不完全是气象水(meteorological water)概念,而是特指在近期参与了大气循环的水。大气降水稳定同位素特征受纬度效应、海拔效应、降水量效应、温度效应、水汽来源、降水二次蒸发等作用因素影响,其组成能有效指示地区气候,同时也是认识环境变化、古气候重建等的重要基础(Smith et al., 2012; Liu et al., 2008; Tian et al., 2007)。

亚洲高山冰川广布,是除极地冰盖以外全球第二大的冰川聚集地,是亚洲的重要"水塔",孕育了长江、黄河、恒河、湄公河、印度河等亚洲的重要河流,孕育超过 13 亿人口,对于生态环境和人口经济发展起着重要作用。亚洲高山距海较远,降水少、蒸发强烈、水分不足,限制植物生长并伴随局地蒸发量减少(李小飞等,2012;柳鉴容等,2008)。水循环过程复杂多变,生态脆弱,是全球气候变化最为敏感地区之一(黄锦忠等,2015;张强等,2015;陈曦等,2013)。随着人类活动加强,且干旱地区降水少、蒸发大,水资源短缺成为严重的问题(李永格等,2018),且由此蒸发形成的降水稳定同位素的值也可能偏高(朱建佳等,2015)。水文循环和水资源变化与气候条件密切相关，同时随着气候变化及高山降水增加，对该区域的降水氢氧稳定同位素的研究十分重要（Wang et al.，2015）。降水氢氧稳定同位素组成及时空分布可以为大气环流模式和水汽来源提供依据，为合理利用水资源提供帮助（孟玉川等，2010）。

　　大气降水作为陆地水循环的重要环节，是地表水资源的根本补给来源。随着全球变暖导致的水循环速率加快，我国西北干旱区降水自 20 世纪 80 年代中后期发生突变，增速变大，且表现出显著的时空差异性，这引起了相关学者的广泛关注（Deng et al., 2017; Guo et al., 2015; Chen et al., 2014b; Kosaka et al., 2013）。而关于西北干旱区降水变化及其差异性形成的原因，目前的解释仍不是很完善。因此，针对降水分布规律、形成机理及预测的研究，一直是气象、水文和地理等相关学者探究的重点和热点。大气降水作为干旱区地表水、地下水的根本补给源，不仅决定着干旱区的水资源总量，且降水的时空变化直接关系到水资源的分布状况。水汽作为大气降水的物质来源，直接影响降水的分布及变化。过去 50 年来，气候变化导致的水循环加剧，使得外部进入西北干旱区的水汽量增加；气温上升（Sun et al., 2019; 陈亚宁等，2017; Li et al.，2015a）和人类活动（水资源开发利用加强）导致区域实际蒸发增加，地表蒸发、植物蒸腾水汽增多。这些都与天山地区区域降水变化有一定的因果联系（Li et al., 2016b）。

　　天山山区多年平均年降水总量为 $987 \times 10^8 m^3$，占新疆年降水总量的 40.6%，平均年降水深 364mm，为全国平均年降水深度的 56%。天山山地面积仅为新疆面积的 16%，却集中了新疆近一半的降水量。天山山区有四个降水高值区：一是位于天山西部的博罗科努山、中部偏西的依连哈比尔尕山以及巩乃斯河上游山地多条山脉交汇的山结地带，降水量极为丰富，海拔 1776m 的实测年最大降水量为 1140mm，34 年平均值为 869.6mm（胡汝骥等，2003）；二是托木尔峰地区，降水量为 700～900mm；三是位于天山中部偏东的博格达山峰区，海拔 1500～1900m，其实测降水量的多年平均值在 550mm 左右，估算高山带的降水量在 600～700mm 及以上；四是位于中国和哈萨克斯坦边界的阿拉套山（东坡）及其周围山地，其降水量也在 600mm 以上。天山山区年降水量和年径流量分布不均匀，总趋势为北坡多于南坡，西部多于东部，山区多于平原和盆地，迎风坡多于背风坡。天山山区的降水量随海拔变化明显：在海拔 3000m 以下随海拔下降而减少，每 100m 高差的年降水量递减率因地而异，与年降水量的大小、水汽输送方向等有关。天山北坡西部 1800m 以下垂直递减率为 40～60mm/100m；天山北坡中段为 30～35mm/100m；天山南坡为 10～20mm/100m。

　　氢氧稳定同位素作为一种有力的诊断工具，已广泛应用于水文学、气候学、生态学等学科的研究（Li et al., 2016c; Zarei et al., 2014; Vodila et al., 2011）。研究表明降水中氢氧稳定同位素中蕴含着水汽来源与输送过程的信息（Wang et al., 2016a,

2016b)，成为当前研究水汽来源的一种有效方法。区域降水同位素阈值范围可以清晰地反映这一地区降水的复杂过程，根据以往的研究，目前基于 GNIP 监测站测试的世界降水的氢氧稳定同位素的阈值范围为：$-30.00‰\text{VSMOW} < \delta^{18}\text{O} < 5.00‰\text{VSMOW}$，$-230.0‰\text{VSMOW} < \delta^{2}\text{H} < 16.0‰\text{VSMOW}$。基于 GNIP 中国站点数据统计的中国降水的氧稳定同位素范围为：$-25.00‰\text{VSMOW} < \delta^{18}\text{O} < 3.00‰\text{VSMOW}$。Tian 等(2007)在 7 个不同地区的雨水样品采集的基础上结合 2 个 GNIP 站点的数据，计算出中国西北降水 $\delta^{18}\text{O}$ 的范围值为：$-37.00‰\text{VSMOW} < \delta^{18}\text{O} < 2.50‰\text{VSMOW}$。

6.1.1　降水 $\delta^{18}\text{O}$ 的时间变化

为了更好地分析天山地区以及周边降水氢氧稳定同位素的时空分布特征，选取天山地区、昆仑山、祁连山共 19 个站点。为更好地表示各站点所在位置，将研究区分为西天山(West Tianshan, WT)、中天山(Middle Tianshan, MT)、东天山(East Tianshan, ET)、西昆仑山(West Kunlun, WK)、祁连山(Qilian, Q)。19 个站点中包括天山地区的沙里桂兰克(WT3)、神木园(WT4)、黄水沟(MT3)、英雄桥(MT4)四个站，同时收集了文献中天山地区的乌恰(WT1)、阿合奇(WT2)、巴音布鲁克(MT1)、巴仑台(MT2)、巴里坤(ET1)、伊吾(ET2)的降水氢氧稳定同位素数据(Wang et al., 2016b)，昆仑山区的沙曼(WK1)、西合休(WK2)、江卡(WK3)、和田(WK4)实测站点数据，祁连山地区的野牛沟(Q1)、大野口(Q2)、代乾(Q3)、金强驿(Q4)、安远(Q5) (冯芳等, 2013; 赵良菊等, 2011)，以及 GNIP 中和田降水稳定同位素数据分析了中亚高山地区降水稳定同位素的分布特征。其中，降雨样品由雨量筒收集，待降雨结束，将量筒中收集的雨水存入 5mL 的冻存管中，用 Parafilm 封口膜密封冷冻保存。降雪由干净托盘收集后倒入干净的密封带中，在室温内融化后及时存入 5mL 冻存管，用 Parafilm 封口膜密封冷冻保存。同时，将每次降水时的相对湿度、温度由温湿度计记录在册。所有样品待分析时再由冷冻柜中取出。除 Q1 外，观测期内共收集水样 345 个(表 6.1)。

由表 6.1 可知，在西天山中，海拔由高到低分别是乌恰(2175.7m)、沙里桂兰克(2005m)、阿合奇(1984.9m)、神木园(1730m)，年均温由高到低分别是沙里桂兰克(16.70℃)、神木园(8.82℃)、乌恰(7.70℃)、阿合奇(6.80℃)，年降水量由多到少分别是沙里桂兰克(331.4mm)、阿合奇(237.7mm)、乌恰(188.7mm)、神木园(67.4mm)，氧同位素浓度年均值由大到小分别是阿合奇(-8.11‰VSMOW)、乌恰(-9.60‰VSMOW)、沙里桂兰克(-11.19‰VSMOW)、神木园(-13.54‰VSMOW)，氘盈余年均值由大到小分别是乌恰(14.40‰VSMOW)、阿合奇(11.2‰VSMOW)、沙里桂兰克(7.20‰VSMOW)、神木园(5.23‰VSMOW)。在中天山中，海拔由高到低分别是巴音布鲁克(2458m)、黄水沟(2000m)、英雄桥(1880m)、巴仑台

表 6.1　天山地区主要站点的相关信息表

采样点	海拔/m	经度	纬度	样品数量	年均温/℃	年降水量/mm	年平均相对湿度/%	$\delta^{18}O$ 年均值/‰VSMOW	氘盈余年均值/‰VSMOW	研究时段	采样频率
乌恰 (WT1)	2175.7	75.25°E	39.72°N	65	7.70	188.7	45	-9.60	14.40	2012.08~2013.09	次降水
阿合奇 (WT2)	1984.9	78.45°E	40.93°N	62	6.80	237.7	52	-8.11	11.2	2012.08~2013.09	次降水
沙里桂兰克 (WT3)	2005	78.54°E	40.94°N	61	16.70	331.4	—	-11.19	7.20	2012.05~2013.06	次降水
神木园 (WT4)	1730	79.70°E	41.59°N	13	8.82	67.4	—	-13.54	5.23	2012.05~2013.06	次降水
巴音布鲁克 (MT1)	2458.0	84.15°E	43.03°N	96	-4.20	208.5	70	-14.79	14.30	2012.08~2013.09	次降水
巴仑台 (MT2)	1739	86.30°E	42.73°N	60	7.00	220.4	42	-9.63	10.30	2012.08~2013.09	次降水
黄水沟 (MT3)	2000	86.28°E	42.70°N	27	16.17	115	—	-6.03	6.08	2012.05~2013.06	次降水
英雄桥 (MT4)	1880	87.20°E	43.37°N	82	5.75	—	—	-14.71	4.00	2012.05~2013.06	次降水
巴里坤 (ET1)	1677.2	93.05°E	43.6°N	53	2.70	230.5	55	-15.43	9.4	2012.08~2013.09	次降水
伊吾 (ET2)	1728.6	94.70°E	43.27°N	23	4.20	104.4	44	-13.83	10.7	2012.08~2013.09	次降水
沙曼 (WK1)	2004	38.94°E	75.70°N	22	11.40	51.6	40.5	-12.09	8.16	2012.07~2013.02	次降水
西合休 (WK2)	2960	36.98°E	76.68°N	36	4.00	30.7	49.2	-13.27	14.36	2012.06~2013.10	次降水
江卡 (WK3)	1507	37.73°E	77.25°N	57	11.80	59.5	47.1	-11.08	12.63	2011.07~2013.07	次降水
和田 (WK4)	1375	37.10°E	79.90°N	47	12.70	33.2	45.8	-9.92	9.29	2012.05~2013.06	次降水
野牛沟 (Q1)	3320	99.63°E	38.70°N	—	-3.10	405.8	57.82	-13.25	18.99	2008.06~2009.06	次降水
大野口 (Q2)	2720	100.28°E	38.57°N	49	0.70	—	—	-12.51	14.36	2012.11~2013.12	次降水
代乾 (Q3)	3300	102.57°E	37.22°N	137	-0.70	642.3	81	-8.24	16.07	2013.07~2014.06	次降水
金强驿 (Q4)	2800	102.57°E	37.13°N	80	4.30	354.1	80	-7.37	10.96	2013.07~2014.06	次降水
安远 (Q5)	2700	102.85°E	37.25°N	115	4.90	535.6	115	-8.59	17.82	2013.07~2014.06	次降水

(1739m)，年均温由高到低分别是黄水沟(16.17℃)、巴仑台(7.00℃)、英雄桥(5.75℃)、巴音布鲁克(−4.20℃)，年降水量由多到少分别是巴仑台(220.4mm)、巴音布鲁克(208.5mm)、黄水沟(115mm)，氧同位素浓度年均值由大到小分别是黄水沟(−6.03‰VSMOW)、巴仑台(−9.63‰VSMOW)、英雄桥(−14.71‰VSMOW)、巴音布鲁克(−14.79‰VSMOW)，氘盈余年均值由大到小分别是巴音布鲁克(14.30‰VSMOW)、巴仑台(10.30‰VSMOW)、黄水沟(6.08‰VSMOW)、英雄桥(4.00‰VSMOW)。在东天山中，海拔由高到低分别是伊吾(1728.6m)、巴里坤(1677.2m)，年均温由高到低分别是伊吾(4.20℃)、巴里坤(2.70℃)，年降水量由多到少分别是巴里坤(230.5mm)、伊吾(104.4mm)，氧同位素浓度年均值由大到小分别是伊吾(−13.83‰VSMOW)、巴里坤(−15.43‰VSMOW)，氘盈余年均值由大到小分别是伊吾(10.7‰VSMOW)、巴里坤(9.4‰VSMOW)。

在昆仑山中，海拔由高到低分别是西合休(2960m)、沙曼(2004m)、江卡(1507m)、和田(1375m)，年均温由高到低分别是和田(12.70℃)、江卡(11.8℃)、沙曼(11.40℃)、西合休(4.00℃)，年降水量由多到少分别是江卡(59.5mm)、沙曼(51.6mm)、和田(33.2mm)、西合休(30.7mm)，氧同位素浓度年均值由大到小分别是和田(−9.92‰VSMOW)、江卡(−11.08‰VSMOW)、沙曼(−12.09‰VSMOW)、西合休(−13.27‰VSMOW)，氘盈余年均值由大到小分别是西合休(14.36‰VSMOW)、江卡(12.63‰VSMOW)、和田(9.29‰VSMOW)、沙曼(8.16‰VSMOW)。

在祁连山中，海拔由高到低分别是野牛沟(3320m)、代乾(3300m)、金强驿(2800m)、大野口(2720m)、安远(2700m)，年均温由高到低分别是安远(4.90℃)、金强驿(4.30℃)、大野口(0.70℃)、代乾(−0.70℃)、野牛沟(−3.10℃)，年降水量由多到少分别是代乾(642.3mm)、安远(535.6mm)、野牛沟(405.8mm)、金强驿(354.1mm)，氧同位素浓度年均值由大到小分别是金强驿(−7.37‰VSMOW)、代乾(−8.24‰VSMOW)、安远(−8.59‰VSMOW)、大野口(−12.51‰VSMOW)、野牛沟(−13.25‰VSMOW)，氘盈余年均值由大到小分别是野牛沟(18.99‰VSMOW)、安远(17.82‰VSMOW)、代乾(16.07‰VSMOW)、大野口(14.36‰VSMOW)、金强驿(10.96‰VSMOW)。

大气降水的同位素组成季节性变化显著，但不同地区不同季节都不相同。天山、昆仑山、祁连山降水中$\delta^{18}O$呈现明显的季节波动，大致表现出夏半年高、冬半年低的特点(图6.1)。西天山中，乌恰的降水$\delta^{18}O$变化范围为−28.37‰VSMOW～−1.86‰VSMOW，表现为6月最高，12月最低，降水$\delta^{18}O$的全年均值为−8.59‰VSMOW；沙里桂兰克的降水$\delta^{18}O$变化范围最大，介于−31.23‰VSMOW～0.92‰VSMOW，5～8月有升高趋势，8～11月呈明显下降趋势，最高值与最低值分别出现在8月和11月，降水$\delta^{18}O$的全年均值为−11.19‰VSMOW。阿合奇降水$\delta^{18}O$变化范围最小，为−13.41‰VSMOW～−1.27‰VSMOW，最高值出现在8月，最低值出现在 2 月，降水 $\delta^{18}O$ 的全年均值为–7.42‰。神木园的降水 $\delta^{18}O$ 变化范围介于–27.00‰VSMOW～–3.82‰VSMOW，最高值出现在 6 月，最低值出现在 12 月，降水 $\delta^{18}O$ 的全年均值为–13.54‰VSMOW。中天山中，巴音布鲁克的降水 $\delta^{18}O$ 变化范围最大，介于–32.85‰VSMOW～–3.85‰VSMOW，6～8 月呈升高趋势，8～12 月呈下降趋势，最高值与最低值分别出现在 8 月和 12 月，降水 $\delta^{18}O$ 的全年均值为–14.44‰VSMOW。巴仑台的降水 $\delta^{18}O$ 变化范围为–16.90‰VSMOW～–1.77‰VSMOW，4～7 月呈升高趋势，最高值与最低值分别出现在 7 月和 4 月，降水 $\delta^{18}O$ 的全年均值为–10.57‰VSMOW。黄水沟的降水 $\delta^{18}O$ 变化范围最小，在–13.76‰VSMOW～–1.81‰VSMOW，降水 $\delta^{18}O$ 的全年均值为–6.03‰VSMOW。英雄桥的降水 $\delta^{18}O$ 变化范围介于–26.54‰VSMOW～–3.02‰VSMOW，4～6 月呈升高趋势，8～12 月呈下降趋势，最高值与最低值分别出现在 8 月和 12 月，降水 $\delta^{18}O$ 的全年均值为–14.71‰VSMOW。东天山中，伊吾的降水 $\delta^{18}O$ 变化范围为–35.35‰VSMOW～–7.42‰VSMOW，最高值与最低值分别出现在 5 月和 12 月，6～9 月呈升高趋势，11～12 月呈下降趋势，降水 $\delta^{18}O$ 的全年均值为–13.16‰ VSMOW。巴里坤的降水 $\delta^{18}O$ 变化范围为–30.36‰VSMOW～–7.59‰VSMOW，4～7 月呈升高趋势，11～12 月呈下降趋势，最高值与最低值分别出现在 7 月和 12 月，降水 $\delta^{18}O$ 的全年均值为–15.39‰VSMOW。

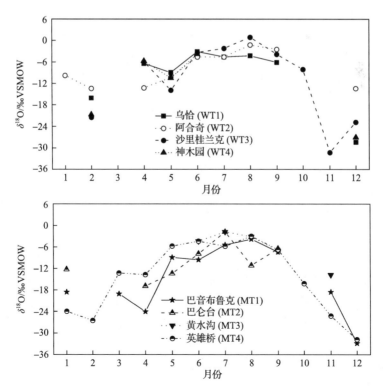

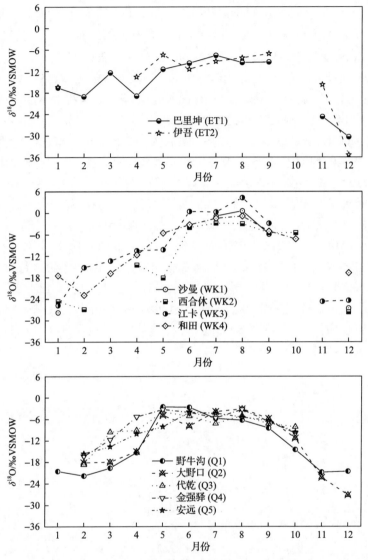

图 6.1　天山及其周边地区降水 $\delta^{18}O$ 的变化

6.1.2　降水 $\delta^{18}O$ 的空间变化

为了揭示天山地区降水 $\delta^{18}O$ 的空间分布规律，利用 ArcGIS10.3 软件进行空间插值，分析了天山降水 $\delta^{18}O$ 的空间分布特征（图 6.2）。天山全年降水 $\delta^{18}O$ 月际变化显著，总体呈现东部低西部高的空间分布特征。除 1 月表现出降水 $\delta^{18}O$ 整体较低，时空分布不明显外，其余月份降水 $\delta^{18}O$ 空间分布表现出明显的季节差异。2 月，天山地区降水 $\delta^{18}O$ 表现为西部低东部高，最低值出现在中天山的英雄桥，为–23.99‰VSMOW，最高值出现在西天山的阿合奇，为–9.75‰VSMOW。3 月，天山地区降水 $\delta^{18}O$ 表现为中部低东部高，最低值出现在中天山的巴音布鲁克，为–19.06‰VSMOW，最高值出现在东天山的巴里坤，为–12.41‰VSMOW。4 月，天山地区降水 $\delta^{18}O$ 表现为东部低西部高，最低值出现在中天山的巴音布鲁克，为–24.04‰VSMOW，最高值出现在西天山的神木园，为–5.72‰VSMOW。5 月，天山地区降水 $\delta^{18}O$ 表现为西部低东部高，其中最低值出现在西天山的沙里桂兰克，为–13.84‰VSMOW，最高值出现在中天山的英雄桥，为–5.77‰VSMOW。6 月，天山地区降水 $\delta^{18}O$ 表现为东部低西部高，最低值出现在东天山的伊吾，为–11.41‰VSMOW，最高值出现在西天山的乌恰，为–3.10‰VSMOW。7 月，天山地区降水 $\delta^{18}O$ 表现为东部低西部高，最低值出现在东天山的伊吾，为–9.25‰VSMOW，最高值出现在中天山的巴仑台，为–1.77‰VSMOW。8 月，天山地区降水 $\delta^{18}O$ 表现为东部低，中、西部高，最低值出现在东天山的伊吾，为–11.16‰VSMOW，最高值出现在西天山的沙里桂兰克，为–0.92‰VSMOW。9 月，天山地区降水 $\delta^{18}O$ 表现为东部低，中、西部高，其中最低值出现在东天山的巴里

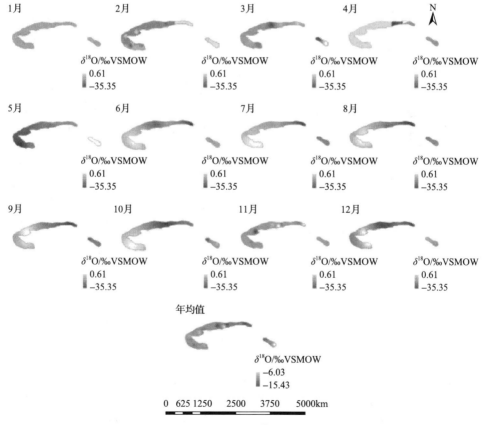

图 6.2　天山地区降水 $\delta^{18}O$ 空间分布特征

坤，为-9.42‰VSMOW，最高值出现在西天山的阿合奇，为-2.44‰VSMOW。10月，天山地区降水 $\delta^{18}O$ 表现为东部低西部高，其中最低值出现在中天山的英雄桥，为-16.17‰VSMOW，最高值出现在西天山的沙里桂兰克，为-8.02‰VSMOW。11月，天山地区降水 $\delta^{18}O$ 表现为西部低东部高，最低值出现在西天山的沙里桂兰克，为-31.23‰VSMOW，最高值出现在中天山的黄水沟，为-13.76‰VSMOW。12月，天山地区降水 $\delta^{18}O$ 表现为东部低西部高，最低值出现在东天山的伊吾，为-35.35‰VSMOW，最高值出现在西天山的阿合奇，为-13.41‰VSMOW。天山地区降水 $\delta^{18}O$ 年均值空间变化上来看，天山地区降水 $\delta^{18}O$ 表现为东部低西部高，最低值出现在东天山的巴里坤，为-15.43‰VSMOW，最高值出现在中天山的黄水沟，为-6.03‰VSMOW。从空间变化上看，2～3月降水 $\delta^{18}O$ 的极低值由西向东逐渐移动；4月极低值在东部聚集，且极低值达到最低；5～6月降水 $\delta^{18}O$ 的极低值由西向东缓慢移动；7～9月极低值均在东部；9～10月降水 $\delta^{18}O$ 的极低值由中部向西部移动；11月降水 $\delta^{18}O$ 的极高值出现在中部；12月降水 $\delta^{18}O$ 的极高值出现在西部，降水 $\delta^{18}O$ 的极低值出现在中东部。

6.1.3　大气降水线

大气降水线可以反映不同地理和气象条件，了解气候变迁和水汽来源，揭示该区域的降水规律及其影响因素(郝玥等，2016；刘鑫等，2007)。Craig(1961)在全球尺度上研究了降水中氢氧稳定同位素间的关系，提出了全球大气降水线(GMWL)方程：$\delta^2H=8\delta^{18}O+10$；此后，GMWL广泛应用于环境地球化学、气象学、水文学、水文地质学等方面的研究中，成为示踪水文过程、推断水源特征和传输机制以及古气候定量研究的重要工具。大气降水线可揭示大气降水中 δ^2H 和 $\delta^{18}O$ 之间的线性关系，由于不同地区降水的气象条件、地形因素、季节变化和水汽来源的不同，大气降水中的同位素分馏会存在差异。因此各地的大气降水线都具有不同的斜率和截距，大气降水线的斜率代表 δ^2H 和 $\delta^{18}O$ 的分馏速率对比关系，截距指示氘对平衡状态的偏离程度。

一般来说，降水过程中的蒸发会导致局地大气降水线斜率小于8，并且温度越高，蒸发越强烈，湿度越小，斜率和截距越小，干旱区降水少且蒸发旺盛，斜率和截距均小于GMWL(曾帝等，2020)。同时大量研究(郭鑫等，2022；郭小燕等，2015)指出，当降水样本点落于GMWL右上角时，指示云下蒸发对区域降水影响强烈；位于GMWL中部时，指示局地内循环对区域降水影响强烈；位于GMWL左下角时，指示混合相云作用显著(Putman et al.，2019)。近年来，部分研究者基于GNIP及中国降水同位素站网(Chinese network of isotopes in precipitation，CHNIP)站点数据及气象资料数据，对我国不同区域的大气降水线及其影响因素进行了探索。如在东亚季风区，柳鉴容等(2009)根据GNIP站点数据及气象资料数据，提出了我国东部季风区的大气降水线方程为 $\delta^2H=7.46\delta^{18}O+0.9$，与 GMWL 斜率近似，说明全年内降水以海洋水汽来源为主；在全国，刘雪媛等(2020)根据 1961~2009 年 GNIP 资料得到的 $\delta^{18}O$ 和 δ^2H，计算得出我国大气降水线方程为 $\delta^2H=7.51\delta^{18}O+6.82$；在我国西北部，柳鉴容等(2008)根据 2005 年各月在 CHNIP 收集到的气象资料数据计算得出大气降水线方程为 $\delta^2H=7.05\delta^{18}O-2.17$，斜率较低表明西北地区的降水过程受到了二次蒸发的影响。

6.1.4 温度与降水 $\delta^{18}O$ 和氘盈余

天山地区沙里桂兰克、神木园、黄水沟、英雄桥，昆仑山地区的沙曼、江卡、西合休、和田，祁连山地区的代乾、金强驿、安远，其温度和 $\delta^{18}O$ 及氘盈余(d-excess) 的关系，根据温度变化可以分为三组(图 6.3)。第一组是温度在 10℃ 以上的，由图可知，除昆仑山地区的西合休及和田不明显外，随着温度的升高，$\delta^{18}O$ 不断升高，氘盈余不断降低，$\delta^{18}O$ 表现出温度效应，这可能是因为强烈的云下蒸发导致

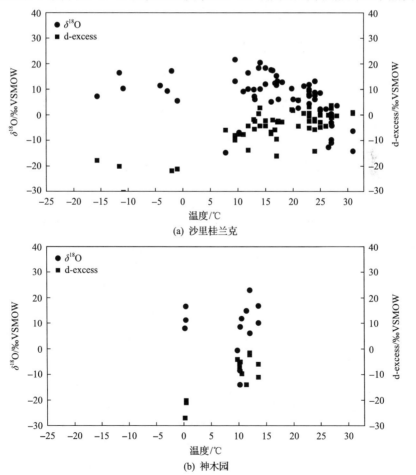

(a) 沙里桂兰克

(b) 神木园

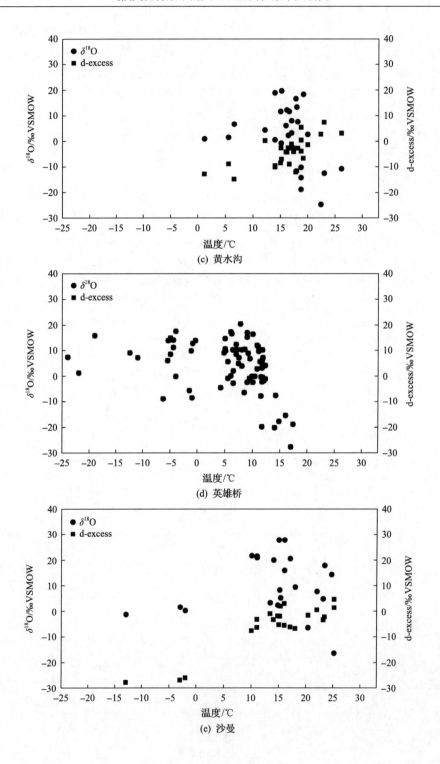

(c) 黄水沟

(d) 英雄桥

(e) 沙曼

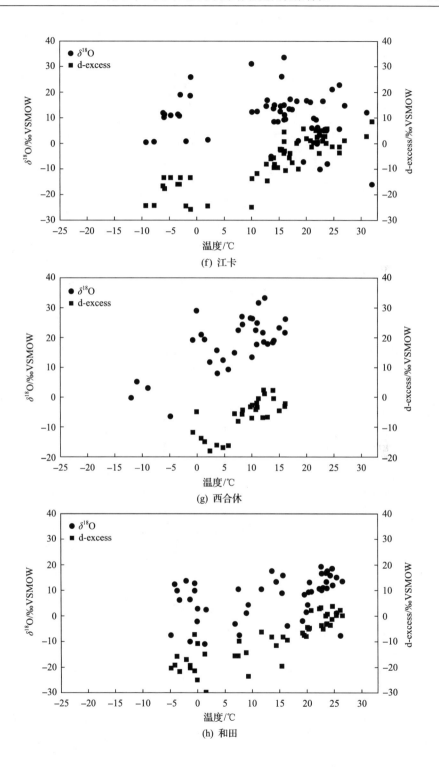

(f) 江卡

(g) 西合休

(h) 和田

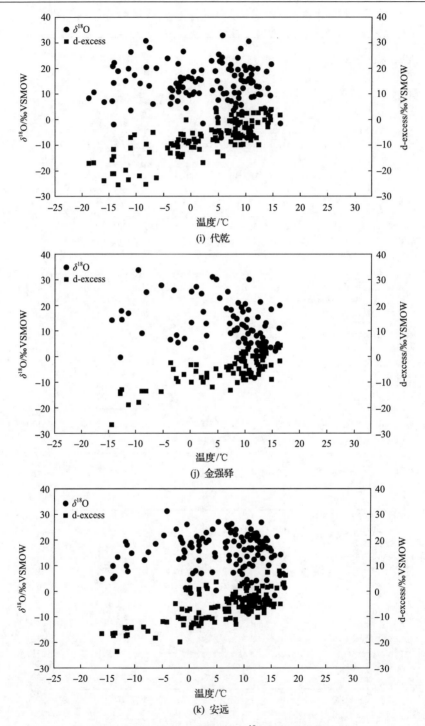

图 6.3　中亚高山地区温度与降水 $\delta^{18}O$ 和氘盈余的关系

同位素富集，补偿了水循环造成的同位素消耗，同时高温及较低湿度使氚盈余降低、同位素升高。通过与图中 $\delta^{18}O\text{-}T$ 关系对比发现，在 10℃以上，$\delta^{18}O$ 分布点更加密集，温度效应更加明显，说明降水主要发生在高温低湿的夏秋季，较高的气温和较低的饱和水汽压差产生较强的云下蒸发，使氚盈余降低，$\delta^{18}O$ 值增加（Wu et al., 2010）。

第二组是温度为 0~10℃（图 6.3），若去掉这几个站的"异常值"，则 $\delta^{18}O$ 和氚盈余趋于稳定，$\delta^{18}O$ 和温度没有相关性，在这个温度范围内，水分回收的增加似乎可以补偿云下蒸发，因此可以说是水汽在水循环起主导作用（Pang et al., 2011; Froehlich et al., 2008）。

第三组是温度在 0℃以下的，其 $\delta^{18}O$ 与温度的相关性高于第二组，这体现了山区地形中上升气团的绝热冷却作用。在温度低于 0℃时，考虑了雪形成过程中的动力学同位素分馏（Pang et al., 2011; Gat et al., 2001）。Rozanski 等（1992）研究认为，中高纬度地区的降水氢氧稳定同位素，主要受控于局地气温的变化。因此，研究区温度的变化对降水稳定同位素的温度效应有一定影响，说明温度效应较复杂。

6.1.5　降水 $\delta^{18}O$ 与温度

温度效应，即降水云团的冷凝温度与地面温度有一定的关系，而冷凝温度与降水氢氧稳定同位素的值有直接关系，即气温越低，降水氢氧稳定同位素的分馏越大，大气降水 $\delta^{18}O$ 越低；气温升高，降水蒸发富集，大气降水中的 $\delta^{18}O$ 也增大（章新平等，1994）。

受大陆气团控制，季风影响较小的西北干旱区，温度对降水 $\delta^{18}O$ 的组成起主导作用（张琳等，2008）。基于天山地区及周边各站点降水 $\delta^{18}O\text{-}T$ 关系的分析（图 6.4），发现各站点降水 $\delta^{18}O$ 与温度均表现出一定的正相关关系，各站点大气降水的 $\delta^{18}O$ 和温度拟合关系式分别为：沙里桂兰克为 $\delta^{18}O=0.66T-16.42(R^2=0.62)$、神木园为 $\delta^{18}O=1.36T-22.36(R^2=0.69)$、巴音布鲁克 $\delta^{18}O=0.66T-13.96(R^2=0.77)$、黄水沟为 $\delta^{18}O=0.73T-16.22(R^2=0.42)$、沙曼为 $\delta^{18}O=0.87T-17.94(R^2=0.79)$、英雄桥为 $\delta^{18}O=0.89T-14.42(R^2=0.71)$、西合休为 $\delta^{18}O=1.06T-16.21(R^2=0.76)$、江卡为 $\delta^{18}O=0.71T-16.23(R^2=0.72)$、和田为 $\delta^{18}O=0.70T-18.46(R^2=0.72)$、大野口为 $\delta^{18}O=0.74T-12.19(R^2=0.81)$、代乾为 $\delta^{18}O=0.61T-9.01(R^2=0.60)$、金强驿为 $\delta^{18}O=0.56T-8.84(R^2=0.56)$、安远为 $\delta^{18}O=0.54T-9.33(R^2=0.51)$。祁连山地区大野口受温度控制最显著，黄水沟受温度效应的影响较小。神木园的斜率最大，安远的斜率最小。

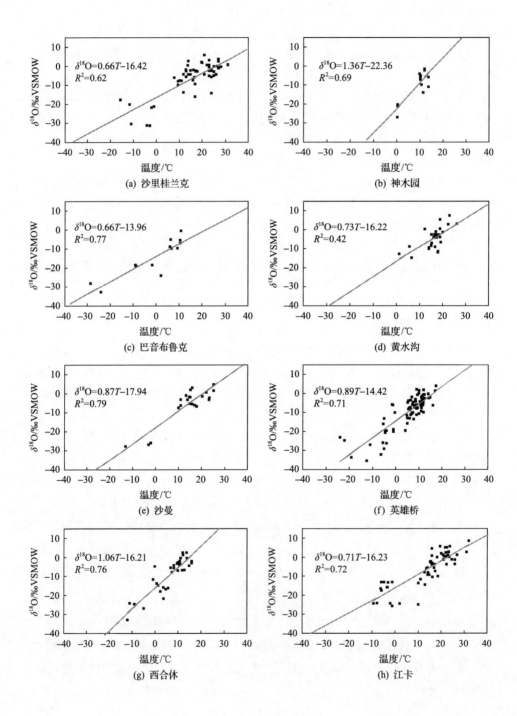

(a) 沙里桂兰克

(b) 神木园

(c) 巴音布鲁克

(d) 黄水沟

(e) 沙曼

(f) 英雄桥

(g) 西合休

(h) 江卡

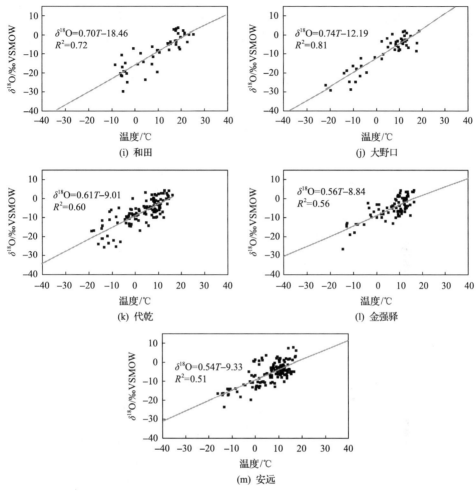

图 6.4　中亚高山地区大气降水的 $\delta^{18}O$ 和温度的关系

6.1.6　降水 $\delta^{18}O$ 与降水量

通过对 13 个站点降水 $\delta^{18}O$ 与降水量的关系分析(图 6.5),发现研究区所有降水 $\delta^{18}O$ 与降水量的关系不明显,野牛沟、乌恰、沙里桂兰克、神木园、巴音布鲁克、沙曼、江卡的降水 $\delta^{18}O$ 与降水量呈低相关关系,斜率由大到小分别为江卡(0.84)、神木园(0.31)、乌恰(0.22)、巴音布鲁克(0.20),野牛沟、沙里桂兰克、沙曼斜率都相同,均为 0.17。从截距上来看,截距由大到小分别为乌恰(−15.87)、沙曼(−16.35)、沙里桂兰克(−16.35)、江卡(−18.92)、野牛沟(−18.96)、神木园(−19.10)、巴音布鲁克(−20.35)。阿合奇、巴仑台、黄水沟、巴里坤及伊吾均不存在降水量效应。分析认为亚洲高山海拔较高、距海较远、大陆性气候显著,受西北风影响较大,来自印度洋的暖湿气流受高山阻挡难以到达,因此该地区的降水δ^{18}O 的降水量效应并不明显。分析认为，其符合经典同位素理论中对于内陆区的降水量效应不显著，且降水量效应主要发生在中低纬，尤其是海岸及海岛地区的研究。

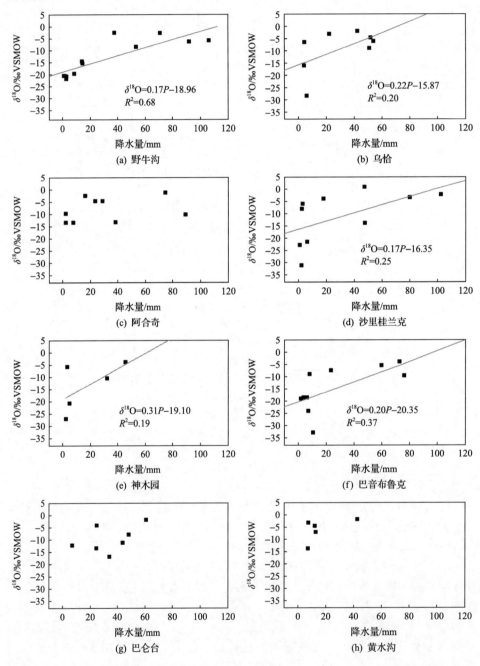

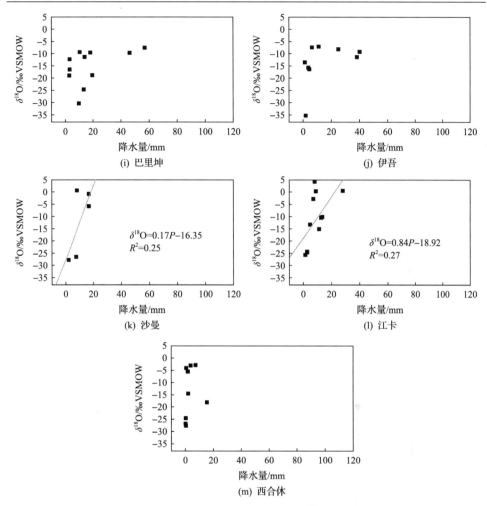

图 6.5　中亚天山及其周边地区大气降水的 $\delta^{18}O$ 和降水量的变化

6.1.7　降水 $\delta^{18}O$ 与高程

　　天山、祁连山、昆仑山各站点降水 $\delta^{18}O$ 的年均值随海拔的变化情况如图 6.6 所示，其中昆仑山地区四个站点的降水 $\delta^{18}O$ 的年均值都与海拔有一定的负相关关系，其关系式为：$\delta^{18}O = -0.00164h - 7.9911 (R^2 = 0.67)$，斜率较小，只有-0.00164。天山、祁连山均未明显受海拔因素的影响，分析可能其主要受温度的影响。

　　对天山地区沙里桂兰克、神木园、黄水沟、英雄桥同一降水时间的 $\delta^{18}O$ 与海拔进行拟合(图 6.7)，6 月 23 日拟合公式为 $Y = -0.02607X + 42.76$，7 月 8 日拟合公式为 $Y = 0.042X - 85.354 (R^2 = 0.57)$，7 月 22 日拟合公式为 $Y = 0.0317X - 64.53996 (R^2 = 0.99)$，8 月 5 日拟合公式为 $Y = 0.05915X - 118.95508$，11 月 8 日拟

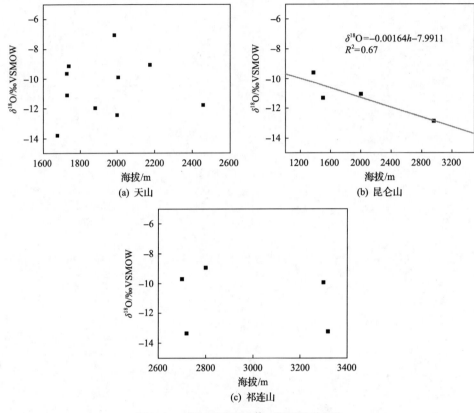

图 6.6　亚洲高山降水 δ^{18}O-海拔关系变化

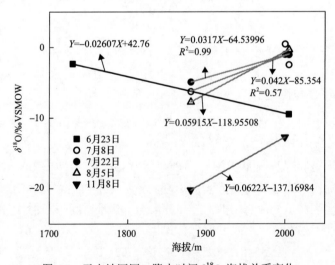

图 6.7　天山地区同一降水时间 δ^{18}O-海拔关系变化

合公式为 $Y=0.0622X-137.16984$，发现没有明显的高程效应，且有一定的反高程效应(孔彦龙，2013)，说明高程对降水 $\delta^{18}O$ 的影响不明显，降水 $\delta^{18}O$ 可能主要受控于温度。

6.1.8　氘盈余的空间变化

为了揭示我国天山地区氘盈余的空间分布规律，利用 ArcGIS10.3 软件进行空间插值，分析了天山地区氘盈余的空间分布特征(图 6.8)。天山全年氘盈余月际变化显著，总体呈现东部低西部高的空间分布特征。除 1 月整体表现出氘盈余较低，时空分布不明显外，其余月份氘盈余空间分布均表现出明显的季节差异。2 月，天山地区氘盈余表现为西部低东部高，其中最低值出现在中天山的英雄桥，为 6.68‰VSMOW，最高值出现在西天山的神木园，为 13.99‰VSMOW。3 月，天山地区氘盈余表现为中部低东部高，其中最低值出现在中天山的乌河英雄桥，为 7.80‰VSMOW。4 月，天山地区氘盈余表现为中、东部低，西部高，其中最低值出现在西天山的沙里桂兰克，为–14.74‰VSMOW，最高值出现在中天山的英雄桥，为 11.65‰VSMOW。5 月，天山地区氘盈余表现为西部低东部高，其中最低值出现在中天山的英雄桥，为–8.97‰VSMOW，最高值出现在西天山的神木园，为 7.16‰VSMOW。6 月，天山地区氘盈余表现为东部低西部高，其中最低值出现在西天山的沙里桂兰克，为 0.71‰VSMOW，最高值出现在西天山的神木园，为 10.83‰VSMOW。7 月，天山地区氘盈余表现为东部低西部高，其中最低值出现在中天山的黄水沟，为–0.60‰VSMOW，最高值出现在西天山的沙里桂兰克，为 6.68‰VSMOW。8 月，天山地区氘盈余表现为东部低，中、西部高，其中最低值出现在中天山的英雄桥，为–2.74‰VSMOW，最高值出现在西天山的沙里桂兰克，为 9.35‰VSMOW。9 月，天山地区氘盈余表现为东部低，中、西部高，其中最低值出现在中天山的英雄桥，为 6.44‰VSMOW，最高值出现在中天山的黄水沟，为 19.82‰VSMOW。10 月，天山地区氘盈余表现为东部低西部高，其中最低值出现在中天山的英雄桥，为 9.17‰VSMOW，最高值出现在西天山的沙里桂兰克，为 21.69‰VSMOW。11 月，天山地区氘盈余表现为西部低东部高，其中最低值出现在中天山的英雄桥，为 0.63‰VSMOW，最高值出现在西天山的沙里桂兰克，为 10.51‰VSMOW。12 月，天山地区氘盈余表现为东部低西部高，其中最低值出现在西天山的神木园，为 8.06‰VSMOW，最高值出现在西天山的沙里桂兰克，为 11.38‰VSMOW。天山地区氘盈余年均值从空间变化上来看表现为东部低西部高，其中最低值出现在中天山的英雄桥，为 4.00‰VSMOW，最高值出现在西天山的乌恰，为 14.40‰VSMOW。从空间变化上看，2～3 月氘盈余的极低值由西向东逐渐移动，极低值出现在天山中部；4 月极低值在中部聚集；5～6 月氘盈余的极低值由西向东缓慢移动；7～9 月氘盈余极低值均在天山东部；9～10 月氘盈余的极低值由中部向西移动；11 月氘盈余的极高值出现在天山中部；12 月氘盈余的极高值出现在西部，氘盈余的极低值出现在中东部。

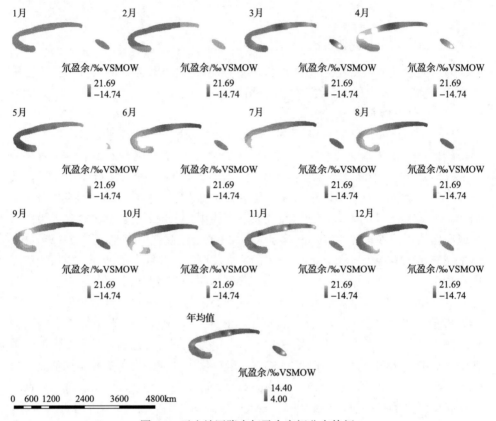

图 6.8　天山地区降水氘盈余空间分布特征

6.1.9　降水氘盈余的时间变化

Dansgaard(1964)首先定义降水线中的参数 d-excess，称为氘盈余：

$$d\text{-excess} = \delta^2H - 8 \times \delta^{18}O \tag{6.1}$$

氘盈余反映了水汽源地、空气湿度、海洋水蒸发分馏条件、水汽路径等。对于洋面湿度变化，d-excess 更是一个敏感指标，因此有广泛的应用。本章对此还有进一步的讨论。

这里需要说明的是，对于降水线，$\delta^2H = a\delta^{18}O + b$ 不要把氘盈余参数 d-excess 和所有降水线的截距 b 相混淆，一则有时后者的斜率不等于 8，再者 b 是针对一组水样点而言的。事实上，在使用氘盈余的研究中有一些误区，因而有一段话值得注意：显然，除非 a 的值为 8，否则不能像常犯的错误那样把 b 等同于 d-excess

的概念。Deshpande 等(2003)研究认为，氘盈余的大小是蒸发过程中空气的相对湿度和温度，全球降水中氘盈余的均值为 10‰VSMOW，代表的相对湿度为 85%，当局地降水水汽源区在较低的湿度时降水中的 d-excess＞10‰VSMOW，在较高的湿度条件下则 d-excess＜10‰VSMOW。氘盈余具有反映水汽源形成的水汽平衡条件和热力条件，还可以反映降水形成的气候及地理条件(侯典炯等, 2011)。

由天山地区各站点降水氘盈余的年内变化图(图 6.9)可知，总体上天山地区氘盈余表现出冬半年高、夏半年低的变化趋势。其中，天山地区沙里桂兰克氘盈余介于–14.74‰VSMOW～21.69‰VSMOW，平均值为 7.20‰VSMOW，高值出现在 9～12 月，低值出现在 4～7 月，最低值出现在 4 月。神木园氘盈余介于–13.90‰VSMOW～13.99‰VSMOW，平均值为 5.23‰VSMOW，高值出现在 2 月，低值出现在 4～5 月，最低值出现在 4 月。黄水沟氘盈余介于–0.60‰VSMOW～19.82‰VSMOW，平均值为 6.08‰VSMOW，高值出现在 9 月，低值出现在 6～8 月，最低值出现在 7 月。英雄桥氘盈余介于–8.97‰VSMOW～9.17‰VSMOW，平均值为 4.00‰VSMOW，高值出现在 4 月，低值出现在 5～8 月，最低值出现在 5 月。天山地区氘盈余在 2 月、10 月分别为 10.68‰VSMOW、15.43‰VSMOW，在全球大部分地区氘盈余(10‰VSMOW)以上，其余月份氘盈余大多数在全球大部分地区氘盈余(10‰VSMOW)以下。其中 1 月为 4.37‰VSMOW，3 月为 7.80‰VSMOW，4 月为–5.66‰VSMOW，5 月为 0.95‰VSMOW，6 月为 4.89‰VSMOW，7 月为 4.16‰VSMOW，8 月为 3.31‰VSMOW，9 月为 8.38‰VSMOW，11 月为 5.57‰VSMOW，12 月为 9.23‰VSMOW。可能因为在降水过程中受到强烈的蒸发，导致氘盈余偏小。

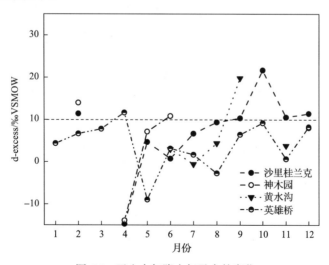

图 6.9　天山大气降水氘盈余的变化

6.1.10　蒸发对降水稳定同位素的影响

在干旱半干旱区，由于气候干燥，降水时雨滴下落过程中受蒸发影响强烈，降水中重同位素富集，大气水汽中重同位素贫化(Stewart, 1975)。云底二次蒸发对青藏高原北部地区的夏季降水也具有重要影响(Liu et al., 2008)。

研究区氘盈余变化表明，该区域夏季降水受蒸发作用显著，降水往往发生蒸发富集。为衡量蒸发对降水同位素的影响，下面进一步探讨该区域下半年降水中蒸发剩余比的变化特征。Kong 等(2013)提出了一个计算降水蒸发剩余比(f)的公式，认为 f 主要取决于降水过程中的蒸发速率(V_{evap})和雨滴降落时间(t_m)：

$$f = \frac{R}{R + V_{evap} \, t_m} \tag{6.2}$$

式中，R 为降水强度，mm/h；t_m 为雨滴降落时间，m/s；V_{evap} 为蒸发速率，mm/s，采用以下方程(Kinzer et al., 1951)进行计算：

$$V_{evap} = 4\pi aD\left(1 + \frac{Fa}{s'}\right)(\rho_a - \rho_b) \tag{6.3}$$

式中，a 为滴液的半径；D 为雨滴降落温度时水蒸气在空气中的扩散系数；ρ_a 为雨滴降落温度时水蒸气的饱和密度；ρ_b 为雨滴降落温度时环境空气中水蒸气的密度；Fa 为雨滴落下产生的实际热量，无纲量；s' 为雨滴蒸发的有效厚度。

为了方便计算降水过程中的蒸发速率，进一步将方程分成两部分，$4\pi a\left(1 + \dfrac{Fa}{s'}\right)$ 由降水半径与温度确定，缩写为 V_{eavp1}，$D(\rho_a - \rho_b)$ 由湿度和温度确定，缩写为 V_{evap2}(孔彦龙, 2013)。根据前人研究(Kinzer et al., 1951)，由以下经验关系求得：

$$V_{evap1} = (-0.2445T + 131.28) \times (2r)^{1.6139}$$

$$V_{evap2} = (-0.0073h + 0.7264) + e^{(-0.0002h + 0.0371)T} \tag{6.4}$$

式中，T 为温度，℃；h 为相对湿度，%；r 为降水半径，mm。根据研究，中亚山区降水半径平均为 (0.37 ± 0.05)mm (李艳伟等, 2003)。同时，可以得到

$$V_{evap} = V_{evap1} \times V_{evap2} \tag{6.5}$$

雨滴降落时间(t_m)取决于降水高度(H)和降水速率(V)：

$$t_m = H/V \tag{6.6}$$

根据研究(Best, 2010)，平均降水速率由以下方程得出：

$$V=9.58\left\{1-\exp\left[-\left(\frac{r}{0.885}\right)^{1.147}\right]\right\} \tag{6.7}$$

式中，V 的单位是 m/s；r 为降水半径，mm。

降水高度 H 由以下经验公式(6.8)求得：

$$H=18400\left(1+\frac{T_{ave}}{273}\right)\lg(S_0/S_b) \tag{6.8}$$

式中，S_0、S_b 分别为地表气压及云底气压，Pa；T_{ave} 为云底与地面平均气温，℃。其中，S_b 由式(6.9)求得：

$$\begin{aligned} S_b&=S_0(T_b/T_0)^{3.5} \\ T_b&=T_d-(0.001296T_d+0.1963)(T_0-T_d) \end{aligned} \tag{6.9}$$

式中，T_0、T_b、T_d 分别为地面气温、云底气温、露点气温，℃。

对西天山的乌恰、沙里桂兰克、阿合奇、神木园四个站点的降水蒸发比进行计算。其中，乌恰在 5～8 月蒸发比较低，4 月蒸发比最高，达到 12.5%，而 5 月最低，为 1.28%；沙里桂兰克在 6～9 月蒸发比较低，10 月蒸发比最高，达到 23.45%，而 7 月最低，为 0.95%；阿合奇在 4～9 月蒸发比较低，10 月蒸发比最高，达到 16.89%，而 8 月份最低，为 0.69%；神木园 4 月蒸发比最高，达到 19.21%，而 5 月最低，为 4.71%(图 6.10)。

对中天山及东天山的巴音布鲁克、巴仑台、黄水沟、巴里坤、伊吾五个站点的降水蒸发比进行计算。其中，巴仑台在 4～9 月蒸发比较低，10 月蒸发比最高，达到 7.81%，而 7 月最低，为 1.30%；黄水沟在 6～9 月蒸发比较低，4 月蒸发比最高，达到 16.49%，而 7 月最低，为 1.34%；巴里坤在 4～12 月蒸发比较低，3 月蒸发比最高，达到 10.23%，而 7 月最低，为 1.11%；伊吾 4 月蒸发比最高，达

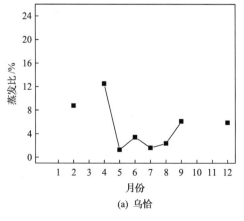

(a) 乌恰

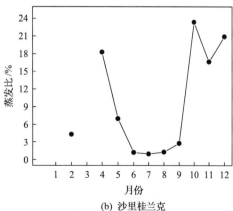

(b) 沙里桂兰克

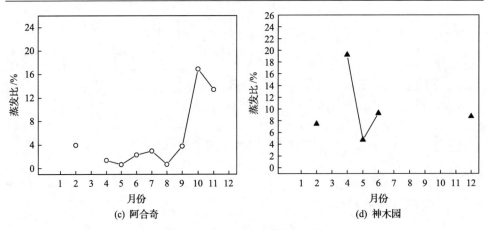

图 6.10　西天山站点蒸发比变化

到 30.59%，而 6 月最低，为 2.29%（图 6.11）。

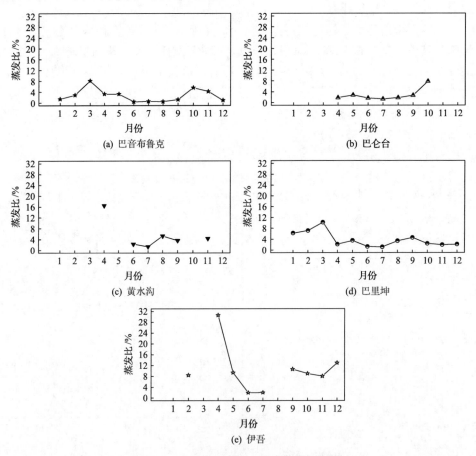

图 6.11　中天山及东天山站点蒸发比变化

　　对天山及周边站点的降水蒸发比年均值进行计算，其中各站点蒸发比年均值分别为：乌恰（5.24%）、沙里桂兰克（9.67%）、阿合奇（5.11%）、神木园（9.87%）、巴音布鲁克（2.68%）、巴仑台（2.81%）、黄水沟（5.53%）、巴里坤（3.83%）、伊吾（10.32%）、西合休（18.98%）、江卡（8.94%）、和田（19.54%）。发现天山周边，邻近昆仑山地区降水蒸发比较大，而中天山及西天山降水蒸发比最小（图 6.12）。

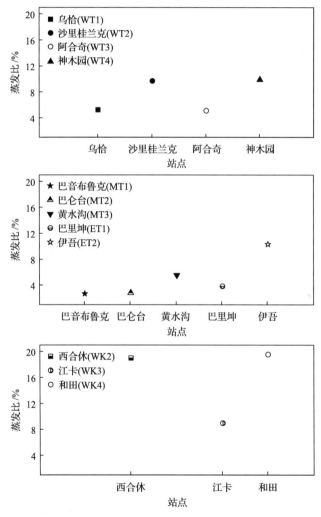

图 6.12　天山和周边站点蒸发比年均值变化

6.2　天山山区冰雪融水的氢氧稳定同位素特征

　　我国天山山区位于准噶尔盆地和塔里木盆地之间，其高大山地终年寒凉湿润，积雪、冰川与冻土分布广泛，一派极地景象。积雪是指降雪覆盖在地球表面上形成的雪层，它是地面气温低于冰点的寒冷季节的特殊自然景观和天气现象。天山山系积雪量分布的总体规律为：从边缘山区向内部山区减少；在边缘山区，以朝向主要水汽来源方向的萨吾尔山南坡、西天山南坡和准噶尔阿拉套山西坡的各河流最多；边缘山区的北坡次之；边缘山区的东坡最少，但它们均多于内部山区。从坡向来说，南坡积雪量最少，但随着总积雪量的增大，各坡向之间的差别减小，即随着高度的增加各坡向之间的差别也在减小。

天山是我国现代冰川最发育的地区之一，冰川条数在中国各山系中位列第一，占中国冰川总条数的 19.61%；冰川面积在中国各山系中位列第三，仅次于昆仑山和念青唐古拉山脉，占中国冰川总面积的 15.55%；冰储量位列第二，仅次于昆仑山，占中国冰川总储量的 22.95%。天山冰川受山势地形及气候条件的综合影响，在分布上的特征为：冰川分布极不平衡、一些山地冰川规模南坡大于北坡、冰川朝向分布不对称、形态类型齐全且以大型冰川为主体、雪线多具东西向平行分布特征且高度变化平缓。

为了详细分析天山山地冰雪融水的季节变化规律，本书选取天山山区的乌鲁木齐河河源 1 号冰川作为长期监测点，对乌鲁木齐河河源 1 号冰川的冰雪融水开展了长达一个水文年的观测，观测信息表见表 6.2。

表 6.2　天山山区冰雪融水稳定同位素分布特征

冰川水样点采样时间	δ^2H /‰VSMOW	$\delta^{18}O$ /‰VSMOW	氘盈余 /‰VSMOW	融雪水样点采样时间	^2H /‰VSMOW	^{18}O /‰VSMOW	氘盈余 /‰VSMOW
2011.12.5	−60.2	−9.8	18.5	2011.12.5	−60.4	−9.9	19.1
2012.3.9				2012.3.9	−65.8	−10.3	16.9
2012.3.29				2012.3.29	−164.2	−21.6	9.0
2012.5.7	−70.1	−11.0	17.9	2012.5.7	−61.0	−10.0	19.0
2012.7.5	−63.8	−10.1	17.3	2012.7.5	−68.1	−10.7	17.3
2012.8.29	−60.1	−9.6	17.1	2012.8.29	−63.7	−10.1	17.1
2012.10.15	−58.7	−9.4	16.7	2012.10.15	−58.2	−9.7	19.1

为了详细阐述冰雪融水在天山山区的季节变化，分别于 2011 年 12 月 5 日(冬季)、2012 年 3 月 9 日(融雪季开始)、2012 年 3 月 29 日(融雪季旺盛期)、2012年 5 月 7 日(融冰期开始)、2012 年 7 月 5 日(夏季多雨季)、2012 年 8 月 29 日(夏末秋初)、2012 年 10 月 15 日(秋季)共 7 次对乌鲁木齐河河源 1 号冰川附近的冰雪融水进行系统采集，共采集样品 30 个，通过对每次样品的混合测定得到结果。

从天山山区冰川水、融雪水的 δ^2H 的季节变化趋势图(图 6.13)可以清晰地看到，融雪水 δ^2H 的季节变化幅度要远远大于同时期的冰川。融雪水的 δ^2H 在 3月 29 日呈现出极其贫化的趋势，在这一时期达到−164.2‰VSMOW，这主要由春季新降下来的新雪融化所致。同样是春季，早春季节的 3 月初，融雪水的 δ^2H 为 –65‰VSMOW，比冬季比略低，说明天山中部 3 月中旬之后积雪融化消失殆尽，新降雪是融雪水的主要来源且较为贫化。与融雪水的 δ^2H 的季节变化相比，冰川的 δ^2H 季节波动较小，其整体的趋势为夏季(2012 年 5 月 7 日)较为贫化，冬季相对较为富集。5 月冰川的 δ^2H 为–70.1‰VSMOW，是全年最为贫化的时期。从 5 月开始，冰川的 δ^2H 呈现逐渐富集的趋势，并在秋季达到全年最高水平，这一时期冰川的 δ^2H 为–58.7‰VSMOW。造成这一趋势变化的主要原因是，春季冰川的积雪消融殆尽，5 月时冰川中积雪的残存几乎消失，这一时期冰川水的 δ^2H 最低。从 5 月开始，随着气温的升高，冰川消融加快，冰川表面的蒸发富集现象也更为严重，这一过程在秋季最甚，这是秋季冰川 δ^2H 最大的主要原因。

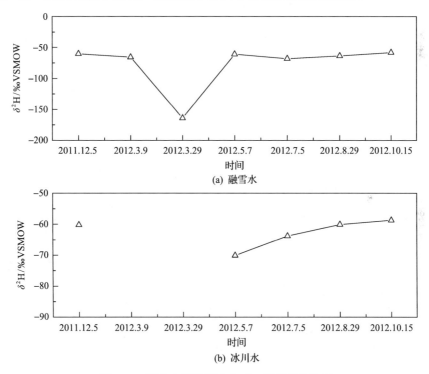

图 6.13　天山山区冰雪融水 δ^2H 季节变化特征

　　从天山地区冰雪融水 $\delta^{18}O$ 的季节变化趋势(图 6.14)可知，天山山区冰雪融水 $\delta^{18}O$ 的季节变化趋势与 δ^2H 的季节变化趋势基本相似，只是幅度在不同季节有所差异。天山山区融雪水的 $\delta^{18}O$ 的季节变化依旧呈现春季贫化，其他季节富集的趋势，3 月时融雪水的 $\delta^{18}O$ 的水平为–21.6‰VSMOW，为全年最低值，融雪水的 $\delta^{18}O$ 在秋季达到全年最高的–9.7‰VSMOW。天山山区融雪水的 $\delta^{18}O$ 全年平均值为 –12.05‰VSMOW。与融雪水相比，冰川的 $\delta^{18}O$ 季节变化趋势较小，大致从春季呈现上升趋势。全年的最低值出现在 5 月，其 $\delta^{18}O$ 为-11‰VSMOW，最高值出现在秋季的 10 月，这一时期 $\delta^{18}O$ 为-9.4‰VSMOW。天山山区冰川水 $\delta^{18}O$ 的全年平均值为-10‰VSMOW。值得注意的是，在秋冬季冰川中氢氧稳定同位素的含量与同时期融雪水的氢氧稳定同位素的含量十分相似，在这一时期两种补给水源相互作用显著。

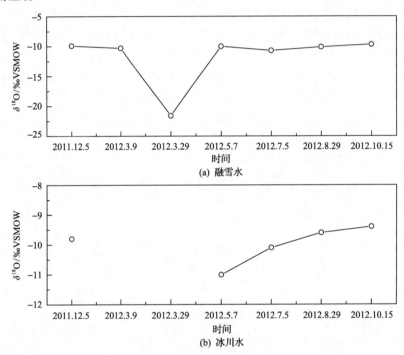

图 6.14　天山山区乌鲁木齐河河源 1 号冰川区冰雪融水 $\delta^{18}O$ 季节变化趋势

　　水体的氘盈余是判读水体蒸发分馏过程、降水水汽来源组成等的重要示踪剂，氘盈余的季节变化可以清晰地反映不同水体的水循环过程。由天山地区冰雪融水氘盈余的季节变化趋势图(图 6.15)可知，天山山区冰川水的氘盈余呈现波动式变化，与氢氧稳定同位素相同，其全年的最低值出现于 3 月，这一时期冰川水的氘盈余为

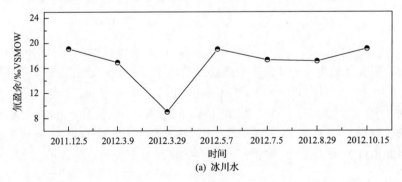

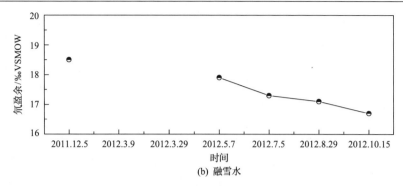

图 6.15　天山山区乌鲁木齐河源 1 号冰川区冰雪融水氘盈余季节变化特征

9.0‰VSMOW。与其相对，在天山山区，5 月、10 月、12 月的冰川水的氘盈余都呈现相对高值，这三个时期的氘盈余都高达 19‰VSMOW，指示这一时期的冰川水受到强烈水汽再循环的影响。与冰川水氘盈余的季节变化相比，融雪水的氘盈余季节变化较为单调，全年大致呈现从冬季向夏秋季递减的趋势，氘盈余越小，证明水体所受的蒸发富集作用越强烈，这与天山山区全年的气温变化较为相近。

6.3　天山山区地下水的氢氧稳定同位素特征

我国西北干旱内陆地区，地表水资源相对匮乏，地下水资源成为维系整个干旱地区绿洲农业、工业用水的重要水源保障，随着气候变化的加剧和无节制的人类活动，西北干旱内陆河流域地下水资源正面临严峻的形势，地下水位不断下降，地表水环境发生变化，区域地表水地下水转化关系日趋复杂。然而，由于干旱内陆地区水文地质条件较为复杂，传统水文观测难以在干旱内陆河流域很好地开展相应的观测。氢氧稳定同位素作为水体的组成部分，由于具有良好的示踪性已经成为目前地表水地下水研究的重要工具。通过对天山地区乌鲁木齐河流域、开都河流域、阿克苏河流域地下水氢氧稳定同位素的采样，分析了天山地区氢氧稳定同位素的时空分布特征。

6.3.1　乌鲁木齐河流域地下水稳定同位素特征

天山山区水文地质条件复杂，山区地下水采样开展较为困难，适宜观测的地下水采样点较少，因此在天山北坡的乌鲁木齐河流域仅选择采样条件较好的后峡水文站及英雄桥水文站开展不同季节的地下水采样。分别于 2011 年 12 月，2012 年 3 月、7 月、8 月及 10 月在乌鲁木齐河流域后峡站、英雄桥站开展了长达一年的地下水同位素监测。

由乌鲁木齐河流域地下水氢氧稳定同位素的时空分布特征(图 6.16)可知，整个乌鲁木齐河流域地下水 δ^{18}O 的测试范围为–9.4‰VSMOW～–8.8‰VSMOW，平均值为–9.09‰VSMOW；δ^2H 的测试范围为–61.1‰VSMOW～–56.5‰VSMOW，平均值为–58.51‰VSMOW。其中，后峡站地下水 $\delta^{18}O$ 的测试范围为–9.4‰VSMOW～–8.9‰VSMOW，平均值为–9.14‰VSMOW；δ^2H 的测试范围为–61‰VSMOW～–57‰VSMOW，平均值为–58.66‰VSMOW。英雄桥站地下水 $\delta^{18}O$ 的测试范围为–9.36‰VSMOW～–8.8‰VSMOW，平均值为–9.06‰VSMOW；δ^2H 的测试范围为–61.1‰VSMOW～–56.5‰VSMOW，平均值为–58.46‰VSMOW。流域地下水 $\delta^{18}O$ 的最低值出现在后峡站 7 月的样品中，最高值出现在英雄桥站 3 月的样品中。δ^2H 的变化与其相似。全年地下水同位素呈夏季低冬季高的趋势，冬季到春季有一个明显的上升趋势，然后从 3 月开始到夏季快速下降，达到最低，秋季之后地下水同位素又呈现上升趋势。

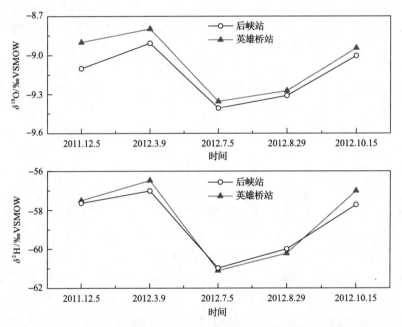

图 6.16　乌鲁木齐河流域地下水氢氧稳定同位素的时空分布特征

　　地下水的氘盈余变化可以较为清楚地反映不同时期地下水与外部环境之间的关系，通过对不同季节乌鲁木齐河流域地下水的氘盈余数据进行分析，可以看到英雄桥站地下水氘盈余与后峡站地下水氘盈余呈现相反的变化趋势，全年中英雄桥站氘盈余从冬季到秋季呈现上升趋势，其中冬季氘盈余最低为 13.7‰VSMOW，秋季 10 月地下水氘盈余最大，达到 14.6‰VSMOW。后峡站地下水氘盈余的季节变化从冬季到秋季呈现下降趋势，其中全年最高值出现在冬季，达到 15.2‰VSMOW，最小值出现在春夏季，为 14.2‰VSMOW。对比发现，除了秋季，后峡站地下水氘盈余都高于英雄桥站地下水氘盈余的水平(图 6.17)。两个地区不同的地下水变化情况表明，两地地下水的补给形式有很大差异。

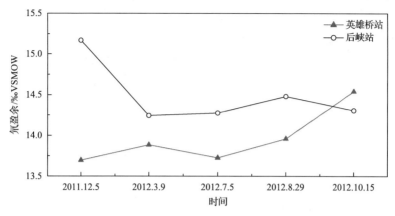

图 6.17　乌鲁木齐河流域地下水氘盈余的时空分布特征

6.3.2　开都河流域地下水稳定同位素特征

开都河流域位于天山南坡,是我国新疆地区重要的绿洲农业区,流域内绿洲农业发达,大规模的灌溉使开都河流域地下水环境恶化。为了较为系统地研究天山南坡开都河流域地下水稳定同位素的时空分布特征,本书分别选取灌溉开始前的 5 月以及作物成长灌溉最为密集的 8 月对整个开都河流域进行较为详细的地表水地下水系统采样。

通过对开都河流域地下水样品中氢氧稳定同位素的测试,发现开都河流域整体地下水的 $\delta^{18}O$ 的测试范围为–12.0‰VSMOW～–7.4‰VSMOW,平均值为–9.7‰VSMOW;δ^2H 的测试范围为–78.8‰VSMOW～–60.1‰VSMOW,平均值为–69.5‰VSMOW。其中灌溉前枯水期的地下水 $\delta^{18}O$ 的测试范围为–11.0‰VSMOW～–9.2‰VSMOW,平均值为–10.4‰VSMOW;δ^2H 的测试范围为–75.7‰VSMOW～–62.9‰VSMOW,平均值为–69.0‰VSMOW。丰水期的地下水 $\delta^{18}O$ 的测试范围为–12.0‰VSMOW～–7.4‰VSMOW,平均值为–9.5‰VSMOW;δ^2H 的测试范围为–78.8‰VSMOW～–60.1‰VSMOW,平均值为–68.5‰VSMOW。丰水期与枯水期地下水氢氧稳定同位素差异明显,其中丰水期的氢氧稳定同位素更为贫化,枯水期的地下水氢氧稳定同位素更为富集。天山开都河流域地下水氢氧稳定同位素时空分布特征如图 6.18 及图 6.19 所示。在丰水期,地下水 δ^2H 在博斯腾湖北岸出现两个高值区,在博斯腾湖东南部出现一个低值区,低值区对应的区域为开都河流域蔬菜种植基地,大量的蔬菜种植超采地下水,使得湖水地下水(较低)大量补给该区域,湖水蒸发旺盛,同位素较为富集,因此造成该地区地下水同位素较为富集。而东南部地区的地下水氢同位素低值区显然是地下水埋深较深、地表水对其干扰较少造成的,而枯水期地下水的氢氧稳定同位素与丰水期相比发生显著变化,高值区域依旧存在于博斯腾湖北部地区,而原有的低值区依旧存在。

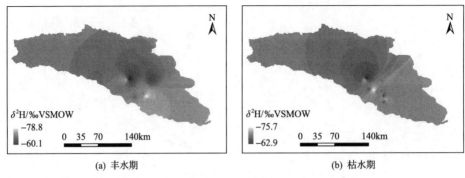

图 6.18　开都河流域地下水 $\delta^2\mathrm{H}$ 的时空分布特征

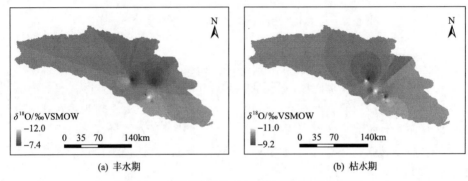

图 6.19　开都河流域地下水 $\delta^{18}\mathrm{O}$ 的时空分布特征

　　与氢同位素不同的是,开都河流域地下水的氧同位素时空分布特征具有独特的特性(图 6.19)。在丰水期,地下水的高值区域出现于濒临博斯腾湖西南部的绿洲地区,而低值区域出现在开都河上游的巴音布鲁克草原区。枯水期氧同位素的分布与丰水期相比发生了较大的变化,其高值区域转移到开都河沿岸,而低值区域出现在开都河流域东南部地区,广大的上游地区氧同位素值与丰水期相比变化并不十分明显,且空间差异较小。

　　开都河流域地下水氘盈余的空间分布表现出明显的季节差异(图 6.20),其中

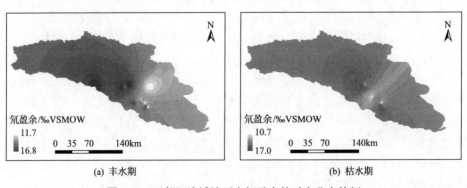

图 6.20　开都河流域地下水氘盈余的时空分布特征

丰水期地下水氘盈余高值区域主要集中于开都河中南部绿洲区域，枯水期地下水的氘盈余分布较为一致，只是在绿洲地区零星分布一些高值。

6.3.3　阿克苏河流域地下水稳定同位素特征

　　基于对阿克苏河两大支流托什干河及库玛拉克河的出山口水文站的地下水年内观测结果，分析阿克苏河流域地下水氢氧稳定同位素的时空分布特征。由阿克苏河流域沙里桂兰克站(托什干河)、协合拉站(库玛拉克河)四个不同季节地下水氢氧稳定同位素的变化曲线(图 6.21)可以看出，阿克苏河流域沙里桂兰克站地下水氢氧稳定同位素的季节变化要大于协合拉站。从图中可知，整个阿克苏河流域地下水 $\delta^{18}O$ 的测试范围为–14.2‰VSMOW～–12‰VSMOW，平均值为–12.8‰VSMOW；δ^2H 的测试范围为–92.5‰VSMOW～–79.26‰VSMOW，平均值为–86.55‰VSMOW。其中，协合拉站的地下水 $\delta^{18}O$ 的测试范围为–13‰VSMOW～–12.57‰VSMOW，平均值为–12.79‰VSMOW；δ^2H 的测试范围为–90.3‰VSMOW～–85.5‰VSMOW，平均值为–88.14‰VSMOW。沙里桂兰克站地下水 $\delta^{18}O$ 的测试范围为–14.2‰VSMOW～–12‰VSMOW，平均值为–12.8‰VSMOW；δ^2H 的测试范围为–92.5‰VSMOW～–79.26‰VSMOW，平均值为–86.55‰VSMOW。流域地下水 $\delta^{18}O$ 的最低值出现在沙里桂兰克站 6 月的样品中，最高值出现在沙里桂兰克站 1 月的样品中。协合拉站全年的氢氧稳定同位素波动范围较小，基本保持稳定。沙里桂兰克站地下水氢氧稳定同位素呈现较为显著的季节变化特征。其中春季到夏季有一个明显降低趋势，夏季到秋冬季节呈现上升趋势。

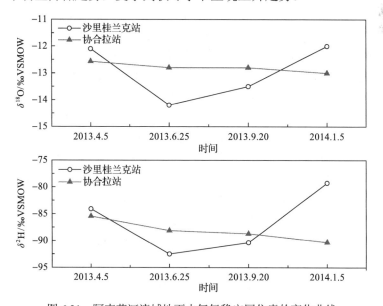

图 6.21　阿克苏河流域地下水氢氧稳定同位素的变化曲线

　　对比分析两个站点地下水氘盈余在年内的变化可知，协合拉站地下水氘盈余变化较小，其氘盈余的测试范围为 13.7‰VSMOW～15.2‰VSMOW，平均值为 14.2‰VSMOW，其地下水氘盈余的最高值出现在 4 月，并从春季出现略微下降的趋势。沙里桂兰克站地下水的氘盈余的变化较为明显，其测试范围为 12.7‰VSMOW～21.1‰VSMOW，平均值为 17.05‰VSMOW，其中最高值出现在夏季的 6 月，氘盈余值为 21.1‰VSMOW，最低值出现在春季 4 月的样品中(图 6.22)。除春季外，其他季节沙里桂兰克站地下水的氘盈余均显著地高于协合拉站。

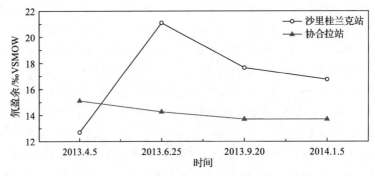

图 6.22　阿克苏河流域地下水氘盈余的变化曲线

6.4　天山山区地表水的氢氧稳定同位素特征

　　江河水是流域水文循环的积分输出响应，江河水的同位素组成则是流域同位素水文循环的积分输出响应。流域同位素水文循环涵盖了浅层水圈的水文循环和深部水圈的地质水文循环，包含了组成水分子的氢、氧同位素的水文循环，以及以水为载体的溶质同位素水文循环，它们具体构成了作为流域积分输出响应的江河水的同位素组成。河水中氢、氧同位素组成的时间变化和空间分布受到流域地形、地貌和人为活动的制约，是对流域内降水、冰雪融水、地下水等补给源的氢、氧同位素特征以及河水所受蒸发影响的综合响应。小河流域降水径流量占河川径流的比例往往较大，河川径流对降水响应快，因此河水氢、氧同位素组成的时程变化与降水的同位素组成有更直接的联系，主要体现了径流补给源的变化，而蒸发分馏的影响则相对较弱；江河水还受到沿程蒸发、不同补给来源水的混合以及人为活动等的综合影响。从年内或多年变化看，河水氢、氧同位素组成的变幅小于降水的变幅，而且大体也在年降水同位素组成平均值附近波动，因径流形成过程受流域因素影响，河水的平均同位素组成一般比降水更富集。

江河流域往往跨越不同气候区，从上游到下游，河水的氢、氧同位素组成受到不同补给源、地面水体、人为活动和蒸发的影响，同时还受到降水同位素大陆效应、高程效应的影响。对源于高山地区冰雪融水的大河来说，上游地区受源头气温以及降水的同位素效应等因素的影响更明显，同位素组成较贫化且季节变化显著。越向下游，随着径流量增加，当地降水对河川径流的影响逐渐减弱，仅在洪水季节所占比例较大，而支流、湖水、地下水、灌溉回归水以及沿程蒸发作用对河川径流的影响逐渐增强，因此河水 δ 值往往与当地降水有较大差异，降水补给与地下水补给的混合也更加复杂。

继 IAEA 和 WMO 在全球范围建立 GNIP、GNIR 和植物水同位素观测网络（LeafNet）后，中国也陆续建立了 CHNIP、中国大江大河同位素站网（Chinese network of isotopes in river, CHNIR）等全国范围的观测网络，并在很多流域开展了不同尺度的研究，共同构成了比较系统的"中国同位素"观测网络。

6.4.1　地表水稳定同位素特征

地表径流是水循环过程中的一个重要环节，通过蒸发和补给排泄途径与大气降水、地下水和冰雪融水不断发生转化，进而影响区域水循环。对于河水中稳定同位素的研究不仅有利于河川径流的环境监测，而且对于鉴别河流不同水体的来源具有重要意义。

表 6.3 显示，天山山区地表水的氢氧稳定同位素具有较大的阈值范围，这主要是由于该区域径流组分特征复杂且季节性明显。对比发现，天山山区内陆河河水的氢氧稳定同位素阈值范围大于同为干旱区内陆河的幼发拉底河与我国的黑河，但是却小于我国的长江。从河水氢氧同位素取值范围看，该地区与印度河流域基本相似。降水、地下水（基岩裂隙水）以及高山冰雪融水是构成天山山区诸河流河川径流的主要水源，因此有必要对天山山区诸河流地表水及地下水进行较为系统全面的取样和稳定同位素分析，以期系统地阐述该地区地表径流的径流组分特征。

表 6.3　天山山区地表水氢氧稳定同位素与世界主要河流同位素对比表

河流	$\delta^{18}O/‰$ VSMOW	$\delta^{2}H/‰$ VSMOW
幼发拉底河	−9.05～−6.65	−59.2～−43.5
印度河	−14.5～−5.5	−106.1～−29.2
长江	−13.32～−1.51	−98.3～−16.2
黑河	−8.8～−6.9	−59.9～−40.4
天山诸河流	−14.10～−4.98	−96.2～−34.9

　　为了系统地研究天山山区诸内陆河河水氢氧稳定同位素的时空特性，于2011 年 9 月及 2012 年 5 月，对天山地区多条内陆河流域进行了系统全面的水体采样。表 6.3 显示，天山山区地表水 $\delta^{18}O$ 的测试范围在–14.10‰VSMOW～–4.98‰VSMOW，平均值为–9.1‰VSMOW；δ^2H 的测试范围为–96.2‰VSMOW～–34.9‰VSMOW，均值为–60.4‰VSMOW。河水的 $\delta^{18}O$ 均值要小于泉水（–9.40‰VSMOW）和地下水（–10.66‰VSMOW）的 $\delta^{18}O$ 均值。在 2012 年 5 月的采样中，河水中 $\delta^{18}O$ 和 δ^2H 的最小值出现在中部天山南坡的渭干河流域；2011 年 9 月的采样过程中，在位于天山以南的塔里木河（发源于天山地区）中游观测到了地表水 $\delta^{18}O$ 的最小值，而地表水的 δ^2H 的最小值则出现在西昆仑山地区的提孜那甫河。受益于大规模的高山冰雪融水补给，发源于天山西部的阿克苏河的河水氢氧稳定同位素值相对其他支流出现贫化现象，在两次大规模水体采样考察中，阿克苏河流域的地表水氢氧稳定同位素的均值都是最低的。强烈的蒸发以及缺少明显的地表水补给，使得塔里木河中游在夏季（5 月）出现河水 $\delta^{18}O$ 的富集趋势，$\delta^{18}O$ 均值达到整个流域的最大值（–8.91‰VSMOW）。

　　对比两次采样的测试结果发现，渭干河流域的氢氧稳定同位素范围最大，和田河最小。塔里木河中游 5 月和 9 月的河水氢氧稳定同位素阈值范围差异较大，夏季阈值范围很小，但是 9 月阈值范围较大。对于大多数支流，9 月的河水氢氧稳定同位素范围要大于 5 月的范围。这主要是由于塔里木河水源组成的季节性变化，9 月天山地区内陆河河川径流主要以冰雪融水和高山降水为主，这一时期的降水会引起河水的氢氧稳定同位素浓度波动。而在 5 月，由于大规模降水和冰雪融水还没有开始，河水主要来源于地下水补给，地下水具有相对稳定的氢氧同位素浓度，因此这一时期河水的氢氧稳定同位素浓度范围较小。

　　河流的氢氧稳定同位素浓度拟合线可以清晰反映河水与不同类型水体的关系及蒸发富集的影响。天山山区诸内陆河流域河水的氢氧稳定同位素浓度拟合线为 $\delta^2H=5.88\delta^{18}O–10.73$（$R^2=0.78$），这一拟合线的斜率与塔里木盆地江卡站的降水蒸发线的斜率类似，说明夏季的降水是塔里木河流域重要的水源。对比发现，天山山区及邻近诸内陆河流域的河水线的斜率 5 月要大于 9 月。阿克苏河及提孜那甫河等高山区河流的河水线斜率与全球大气降水线的斜率近似，普遍高于平原绿洲区支流河段（表 6.4）。

表 6.4　天山山区诸内陆河流域与邻近流域地表水线拟合方程统计表

研究区域	区域地表水线	
	2011 年 9 月	2012 年 5 月
LMWL	$\delta^2H=7.19\delta^{18}O+2.95$（$R^2=0.99$）	
天山诸河流	$\delta^2H=5.02\delta^{18}O–14.74$（$R^2=0.80$）	$\delta^2H=5.87\delta^{18}O–10.69$（$R^2=0.83$）

研究区域	区域地表水线	
	2011 年 9 月	2012 年 5 月
开都河流域	$\delta^2H=4.54\delta^{18}O-18.60\,(R^2=0.96)$	$\delta^2H=5.89\delta^{18}O-10.77\,(R^2=0.88)$
阿克苏河流域	$\delta^2H=8.18\delta^{18}O+20.08\,(R^2=0.99)$	$\delta^2H=9.18\delta^{18}O+24.19\,(R^2=0.81)$
提孜那甫河流域	$\delta^2H=7.29\delta^{18}O+12.29\,(R^2=0.90)$	$\delta^2H=8.48\delta^{18}O+23.76\,(R^2=0.93)$
和田河流域	$\delta^2H=4.13\delta^{18}O-19.52\,(R^2=0.55)$	$\delta^2H=6.93\delta^{18}O+0.78\,(R^2=0.55)$
塔里木河中游	$\delta^2H=5.04\delta^{18}O-15.48\,(R^2=0.99)$	$\delta^2H=8.02\delta^{18}O+5.48\,(R^2=0.87)$
渭干河流域	$\delta^2H=4.77\delta^{18}O-18.92\,(R^2=0.78)$	$\delta^2H=5.58\delta^{18}O-15.04\,(R^2=0.93)$

为了更加详细地分析天山山区地表水氢氧稳定同位素的季节分布特征，本书以天山北坡的乌鲁木齐河流域以及天山南坡的开都河流域为典型的研究流域，通过对两个流域特定采样点不同季节的长期观测及水体氢氧稳定同位素的测定，进一步分析天山山区地表水稳定同位素的时空分布特征。

6.4.2　天山西部地表水稳定同位素特征

分别于 2011 年 9 月、2012 年 5 月、2012 年 7 月对天山西部的阿克苏河流域进行了全流域的系统采样，通过对三次采样中地表水的氢氧稳定同位素进行测试发现，阿克苏河流域地表水的 $\delta^{18}O$ 的测试范围为–13.82‰VSMOW～–3.92‰VSMOW，平均值为–11.1‰VSMOW。其中，托什干河河水的 $\delta^{18}O$ 测试范围为–12.57‰VSMOW～–4.20‰VSMOW，平均值为–10.95‰VSMOW，而库玛拉克河河水的 $\delta^{18}O$ 测试范围为–13.82‰VSMOW～–3.92‰VSMOW，平均值为–11.3‰VSMOW。库玛拉克河河水的氢氧稳定同位素浓度的范围要大于托什干河河水。

阿克苏河流域广阔，复杂的地质条件及地表积雪和土地利用类型，造成流域内地表水的时空分布差异显著。对比两条支流的地表水氢氧稳定同位素分布的空间差异发现，在海拔 1000～2000m 河水的 $\delta^{18}O$ 呈现快速增加趋势，但在 2500m以上时，河水达到稳定状态，这说明阿克苏河流域地表水的补给源主要在海拔1000～2000m 汇入河道，而在 2500m 以上因为冰雪融水是主要的补给，所以这一区域地下水较为稳定。

从阿克苏河流域地表水与地下水、降水、冰雪融水的氢氧稳定同位素浓度关系图(图 6.23)中可以看出，三次采样的河水样点与地下水、冰雪融水较为接近，但是与大气降水偏离较远，这说明阿克苏河流域地表水的氢氧稳定同位素主要受地下水、冰雪融水的影响，对大气降水的响应不显著。

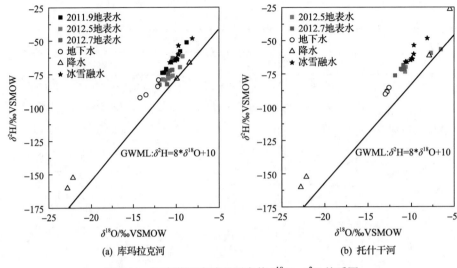

图 6.23　阿克苏河流域不同水体 $\delta^{18}O$、δ^2H 关系图

6.4.3　乌鲁木齐河流域地表水稳定同位素特征

为了更好地分析天山北坡乌鲁木齐河流域地表水氢氧稳定同位素的时空变化特征，分别于与 2011 年 12 月 5 日(冬季)、2012 年 3 月 9 日(融雪季开始)、2012 年 3 月 29 日(融雪季旺盛期)、2012 年 5 月 7 日(融冰期开始)、2012 年 7 月 5 日(夏季多雨季)、2012 年 8 月 29 日(夏末秋初)、2012 年 10 月 15 日(秋季)共 7 次对乌鲁木齐河流域不同海拔的河水进行系统的采集。表 6.5 和表 6.6 为乌鲁木齐河流域不同海拔河水在不同季节的氢氧稳定同位素及氘盈余信息的统计表。

乌鲁木齐河流域地表水的 $\delta^{18}O$ 表现出明显的季节差异(图 6.24)，各站点均呈现夏季低、冬季高的特征，其中最低值出现在夏季的 7 月(–10.52‰VSMOW)，而最高值出现在每年的 3~4 月(–7.30‰VSMOW~–7.95‰VSMOW)。除 S01 与 S03 之外，地表水的 $\delta^{18}O$ 从每年的 12 月开始出现下降趋势，这一下降趋势一直持续

表 6.5　天山北坡乌鲁木齐河流域采样点信息

不同地带	站点	纬度	经度	海拔/m	距源距离/km
高山带	S01	43°06.848′N	87°00.621′E	2630	16.31
	S02	43°07.147′N	87°03.101′E	2510	18
	S03	87°04.695′N	43°08.063′E	2406	19.87
中山带	S04	87°06.774′N	43°12.319′E	2145	24.97
低山带	S05	87°12.192′N	43°20.598′E	1904	39.78
	S06	87°12.172′N	43°22.065′E	1867	41.86

表 6.6　天山山区北坡乌鲁木齐河流域地表水稳定同位素时空分布特征

站点	采样时间	δ^2H/‰ VSMOW	δ^{18}O/‰ VSMOW	氘盈余/‰ VSMOW	站点	采样时间	δ^2H/‰ VSMOW	δ^{18}O/‰ VSMOW	氘盈余/‰ VSMOW
S01	2011.12.5	−50.3	−8.1	14.4	S04	2011.12.5	−57.7	−9.3	16.4
	2012.3.9	−44.0	−7.3	14.4		2012.3.9	−58.6	−9.3	15.5
	2012.3.29	−57.6	−9.0	14.7		2012.3.29	−57.3	−8.9	13.7
	2012.5.7	−59.4	−9.0	12.4		2012.5.7	−59.9	−9.4	15.4
	2012.7.5	−67.5	−10.5	16.6		2012.7.5	−63.0	−10.0	17.0
	2012.8.29	−59.3	−9.4	16.1		2012.8.29	−59.6	−9.4	15.7
	2012.10.15	−57.2	−9.3	17.1		2012.10.15	−58.1	−9.3	16.0
S02	2011.12.5	−55.9	−9.1	16.9	S05	2011.12.5	−58.1	−9.1	14.6
	2012.3.9	−57.6	−9.5	18.0		2012.3.9	−57.4	−8.8	12.7
	2012.3.29	−56.4	−9.0	15.4		2012.3.29	−55.1	−8.0	8.5
	2012.5.7	−58.2	−8.9	13.1		2012.5.7	−59.7	−9.4	15.4
	2012.7.5	−65.5	−10.5	18.7		2012.7.5	−63.2	−9.7	14.3
	2012.8.29	−59.4	−9.4	16.2		2012.8.29	−59.6	−9.4	15.8
	2012.10.15	−57.0	−9.1	16.0		2012.10.15	−57.5	−9.1	15.4
S03	2011.12.5	−56.4	−9.5	19.4	S06	2011.12.5	−56.2	−8.9	14.6
	2012.3.9	−61.6	−10.0	18.7		2012.3.9	−56.1	−8.9	15.5
	2012.3.29	−56.9	−8.7	12.9		2012.3.29	−55.1	−8.4	12.1
	2012.5.7	−59.0	−8.7	10.9		2012.5.7	−57.6	−8.9	13.3
	2012.7.5	−63.5	−10.3	18.7		2012.7.5	−62.2	−9.3	11.8
	2012.8.29	−59.9	−9.5	15.8		2012.8.29	−59.7	−9.4	15.8
	2012.10.15	−57.7	−9.3	16.9		2012.10.15	−57.9	−9.2	16.1

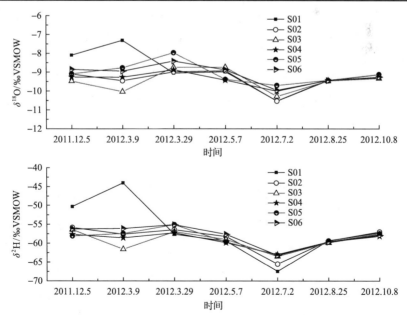

图 6.24　2011~2012 年乌鲁木齐河流域地表水 δ^{18}O/δ^2H 的时空分布特征

到夏季 7 月，7 月开始地表水 $\delta^{18}O$ 呈现上升趋势一直到秋冬季节达到全年最高。夏季河水 $\delta^{18}O$ 的低值主要由于山区冰川融水的补给汇入，冰川融水 $\delta^{18}O$ 在夏季较为贫化，汇入后会稀释河水。与其他的站点不同的是 S01 和 S03 在春季融雪季河水的 $\delta^{18}O$ 有较大的波动。对比全年春季融雪季也是全年河水 $\delta^{18}O$ 波动最显著的时期，7 月波动也较大，而每年的 10 月是河水 $\delta^{18}O$ 差异最小的时期。

6.4.4　开都河流域地表水稳定同位素特征

通过对开都河流域两个不同季节地表水的采集及其氢氧稳定同位素的测试发现，开都河流域整体地表水 $\delta^{18}O$ 的测试范围为–15.6‰VSMOW～–7.0‰VSMOW，平均值为–11.3‰VSMOW；δ^2H 的测试范围为–116.1‰VSMOW～–19.5‰VSMOW，平均值为–67.8‰VSMOW。其中，灌溉前枯水期的地表水 $\delta^{18}O$ 的测试范围为–15.6‰VSMOW～–7.0‰VSMOW，平均值为–11.5‰VSMOW；δ^2H 的测试范围为–116.1‰VSMOW～–19.5‰VSMOW，均值为–71.2‰VSMOW。丰水期的地表水 $\delta^{18}O$ 的测试范围为–12.0‰VSMOW～–7.4‰VSMOW，平均值为–10.2‰VSMOW；δ^2H 的测试范围为–82.7‰VSMOW～–56.1‰VSMOW，均值为–71.5‰VSMOW。丰水期与枯水期地表水氢氧稳定同位素差异明显，其中丰水期的氢氧稳定同位素更为贫化，枯水期的地表水氢氧稳定同位素更为富集。

在丰水期，开都河流域地表水稳定同位素浓度表现出中部高、上游低的特点。采样期，地表水的氢氧稳定同位素浓度高值主要集中于流域中部的博斯腾湖西北部绿洲区及西南部小湖区；开都河上游的巴音布鲁克地区地表水的稳定同位素在丰水期较为贫化，这可能与丰水期上游地表水大量接受降水和冰雪融水补给有直接关系。

在丰水期，开都河流域地表水 δ^2H 的高值区主要集中在中部绿洲区域，开都河上游地区河水氢氧稳定同位素较贫化，同时在开都河流域东南部临湖地区河水的 δ^2H 也较为贫化(图 6.25)。枯水期地表水的 δ^2H 的高值区出现在流域的东南部，

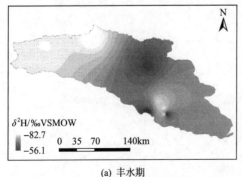
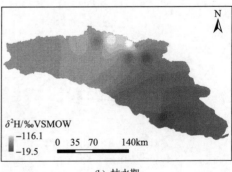

(a) 丰水期　　　　　　　　　　　　　　　(b) 枯水期

图 6.25　天山南坡开都河流域地表水 δ^2H 的时空分布特征

流域的北部山区的河水 δ^2H 十分贫化。与河水 δ^2H 的时空分布形成鲜明对比的是河水中 $\delta^{18}O$ 的空间分布(图 6.26),高值区在丰水期出现在流域的东南部邻近博斯腾湖地区,西北部山区出现高值区。枯水期河水的 $\delta^{18}O$ 与丰水期的分布较为相似,只是在流域的东南部出现高值区扩大的趋势,而北部山区河水的 $\delta^{18}O$ 都较为贫化。

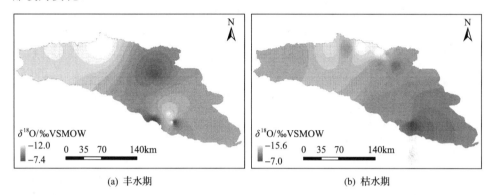

(a) 丰水期　　　　　　　　　　　　　　(b) 枯水期

图 6.26　天山南坡开都河流域地表水 $\delta^{18}O$ 的时空分布特征

从天山南坡开都河流域地表水氘盈余的时空分布特征(图 6.27)可知,开都河流域河水的氘盈余在丰水期空间差异要大于枯水期,其中丰水期开都河流域的北部地区存在一个较大区域的河水氘盈余高值区域,这可能与山区再循环水汽形成的降水对开都河上游河水的补给有一定关系。其流域东南部有小范围的低值区。而枯水期地表水体的氘盈余在北部的高值区缩小,转而在流域东南部出现一个高值区和低值区并存的现象,流域西北部存在一个高值区。

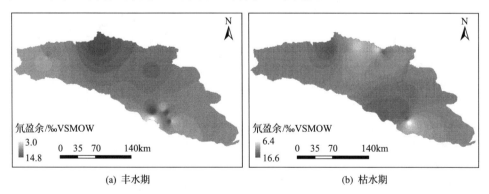

(a) 丰水期　　　　　　　　　　　　　　(b) 枯水期

图 6.27　天山南坡开都河流域地表水氘盈余的时空分布特征

开都河流域西北部河水的氘盈余季节变化不显著,而流域东南部及北部丰枯水期的地表水氘盈余季节差异十分显著。

6.5 本 章 小 结

天山山区降水的氢氧稳定同位素表现出鲜明的季节变化：夏季较为富集，冬季较为贫化。其中降水的氢氧稳定同位素对气温、高程比较敏感，表现出较为显著的温度效应和高程效应，但是降水量对区域降水的影响较小。通过对天山及周边站点的降水蒸发比年均值计算，各站点蒸发比年均值分别为：乌恰 (5.24%)、沙里桂兰克 (9.67%)、阿合奇 (5.11%)、神木园 (9.87%)、巴音布鲁克 (2.68%)、巴仑台 (2.81%)、黄水沟 (5.53%)、巴里坤 (3.83%)、伊吾 (10.32%)、西合休 (18.98%)、江卡 (8.94%)、和田 (19.54%)。天山周边，邻近昆仑山地区降水蒸发比较大，而天山中部及西部降水蒸发比最小。

天山山区融雪水的 $\delta^{18}O$ 的季节变化依旧呈现初夏贫化，其他季节富集的趋势，5 月融雪水的 $\delta^{18}O$ 的水平为全年最低值，融雪水的 $\delta^{18}O$ 在秋季达到全年高。与融雪水的 $\delta^{18}O$ 的季节变化相比，冰川水的 $\delta^{18}O$ 的季节波动较小，其整体的趋势呈现夏季 (2012 年 5 月 7 日) 较为贫化，冬季较为富集。

第7章 天山山区内陆河流域径流组分特征

干旱内陆河流域径流的形成、水源补给转化复杂,不同的水源对气候变化的响应也不同。因此,评估气候变化对于干旱内陆河流域水资源的影响,需要系统地研究径流的补给来源组成特征及相互转化特征。研究干旱内陆河流域径流的组分特征,对于了解干旱内陆河流域水循环机理以及气候变化对径流的影响具有重要意义。径流分割是研究径流的不同水源及其构成比例的有效手段,运用径流分割模型可以定量计算径流中的冰雪融水、降水及地下水的含量,从而解读干旱内陆河流域的产流过程。其结果不仅可以用于分析降水径流关系、补给水源识别,同时还可以评估气候变化对径流的影响。

自然界不同水体由于其形成及运移条件的差异,表现出水体中氢氧稳定同位素差异性,因此可以用于示踪不同水源的径流成分。同位素径流分割,是采用不同稳定同位素质量平衡,将径流过程线分割为不同的水源。塔里木河流域是典型的山区汇流区,山区为径流的产生区,干流区域为径流的耗散区域。因此研究径流的组分及时空变化特征应聚焦于山区汇流区(陈亚宁等,2014)。2011年9月及2012年5月,分别对天山山区主要内陆河的地表水进行全流域采样,并选取具有显著代表性的典型山区源流区域(阿克苏河流域的协合拉站、沙里桂兰克站,开都河流域的黄水沟站,天山西南部提孜那甫河流域江卡站,天山北坡的乌鲁木齐河站)布设长期河水、降水、地下水和河水取样点。系统分析天山山区典型内陆河的水源组成、径流组分的空间特征、径流组分的季节变化等。

同时,基于2011年9月及2012年5月两次对天山山区不同水体的采样,运用三水源同位素径流分割模型,分析了天山山区各主要内陆河在这两个不同时期的径流组分及其时空特征。结果表明,包含裂隙基岩水在内的地下水、冰雪融水和降水是构成天山山区内陆河径流的三个主要水源。同位素径流分割的结果(表7.1)显示,天山山区内陆河河水中冰雪融水的贡献率在7.1%~39.4%;降水对整个天山山区内陆河河水的贡献率在12.5%~47.4%;地下水在天山地区内陆河的径流组成中占有很大的比例,其比例有的超过了50%。结果表明,除阿克苏河之外,无论5月还是9月,地下水都是河水的主要来源。开都河与提孜那甫河的径流中各水源的贡献率在两个不同采样时间段内差异性很小,径流组分变化不大。而阿克苏河与渭干河的径流组分却表现出明显的季节差异性。以阿克苏河为例,其降水对于径流的贡献率,5月高出9月达15.5个百分点,表明降水对于阿克苏河流域径流的贡献具有明显的季节性且波动较大；地下水对径流的贡献率，9 月比 5 月高 11 个百分点，表明阿克苏河及渭干河径流的组成变化较大，径流受组分变化影响明显。表 7.1 显示，冰雪融水在阿克苏河与渭干河的径流组分中占有较大的比例，阿克苏河的冰雪融水的贡献率在 28.2%～32.7%，其中 9 月冰雪融水的贡献率高于 5 月；较高冰雪融水的径流贡献率表明阿克苏河在未来的气候变化中，对温度的变化十分敏感。径流分割的结果显示，提孜那甫河径流组分特征异于其他各源流，其降水是最主要的水源，贡献率在 46.1%～47.4%，表明提孜那甫河径流对未来降水的变化十分敏感。

表 7.1　天山山区不同河流径流组分特征(Sun et al., 2018, 2016d)　　(单位：%)

河流	2011.9			2012.5		
	地下水	冰雪融水	降水	地下水	冰雪融水	降水
阿克苏河	50.2	32.7	17.1	39.2	28.2	32.6
渭干河	48.1	39.4	12.5	46.1	11.0	42.9
提孜那甫河	42.2	11.6	46.1	45.5	7.1	47.4
开都河	57.8	18.6	23.6	58.3	21.2	20.5

7.1　阿克苏河径流组分特征

7.1.1　河水稳定同位素浓度过程线特征

河水的稳定同位素浓度过程线可以清楚地反映河水的补给过程和径流组分的变化特征。因此，对阿克苏河流域的两大支流的河水进行了长期的河水氢氧稳定同位素监测(表 7.2)。

表 7.2　阿克苏河流域不同水体稳定同位素及水化学信息统计

支流	水源	样品点	海拔/m	TDS/(mg/L)	$\delta^{18}O$/‰ VSMOW	δ^2H/‰ VSMOW	支流	水源	样品点	海拔/m	TDS/(mg/L)	$\delta^{18}O$/‰ VSMOW	δ^2H/‰ VSMOW
库玛拉克河	河水	R-Q1	1445	400	−9.88	−72.7	托什干河	河水	R-Q1	1960	400	−10.62	−72.06
		R-Q2	1445	385	−12.5	−83.35			R-Q2	1960	350	−11.3	−71.13
		R-Q3	1445	380	−11.6	−76.29			R-Q3	1960	300	−10.79	−69.65
		R-Q4	1445	410	−11.7	−73.89			R-Q4	1960	400	−10.67	−71.39
	地下水	G-Q1	1780	700	−12.1	−84.1		地下水	G-Q1	2100	700	−12.57	−85.45
		G-Q2	1780	550	−14.2	−92.5			G-Q2	2100	590	−12.8	−88.13
		G-Q3	1780	770	−13.5	−90.35			G-Q3	2100	600	−12.8	−88.69
		G-Q4	1780	700	−12	−79.26			G-Q4	2100	700	−13	−90.3

续表

支流	水源	样品点	海拔 /m	TDS /(mg/L)	δ^{18}O/‰ VSMOW	δ^2H/‰ VSMOW	支流	水源	样品点	海拔 /m	TDS /(mg/L)	δ^{18}O/‰ VSMOW	δ^2H/‰ VSMOW
库玛拉克河	降水	P-Q1 (雪)	1445	100	−22.2	−152.3	托什干河	降水	P-Q1	2100	100	−22.15	−152.3
		P-Q2	1445	130	−8.45	−66.45			P-Q2	2100	145	−5.5	−26.4
		P-Q3	1445	160	−9.89	−78.3			P-Q3	2100	140	−7.9	−61.45
		P-Q4 (雪)	1445	100	−22.8	−160.2			P-Q4 (雪)	2100	100	−22.8	−160.2
	冰雪融水	S-Q1	3157	150	−7.5	−59.56		冰雪融水	S-Q1	3157	150	−7.5	−59.56
	冰川融水	M-Q1	3780	90	−9.7	−53.7		冰川融水	M-Q1	6042	70	−10.6	−65.9
		M-Q2	3780	90	−10.5	−66.2			M-Q2	6042	70	−10.5	−66.2

从库玛拉克河河水 δ^{18}O 的年内变化(图 7.1)可以看出，库玛拉克河河水 δ^{18}O 值呈现出夏季低春季高的特性。全年河水 δ^{18}O 的最低值出现在 7 月，最高值出现在春季融雪期(2 月)。冬季河水 δ^{18}O 变化较小。结合库玛拉克河 2012 年 6 月～2013 年 6 月的径流变化发现，夏季径流的波动会引起河水 δ^{18}O 的变化，这主要是降水对径流的补给造成的；流量大时河水的 δ^{18}O 较大，这是由于夏季降水受到强烈蒸发，降水中 δ^{18}O 较高，携带着较高 δ^{18}O 的雨水补给河水从而提升了河水的 δ^{18}O。不同于世界上其他的内陆河，塔里木河流域的库玛拉克河河水 δ^{18}O 最大值出现在春季融雪期，且这一时期河水的 δ^{18}O 波动较大；春季气温升高，积雪开始融化，这部分积雪在风力作用和蒸发作用下 δ^{18}O 变得十分富集，这部分融雪水混合着季节性冻土和河冰融水补给到河水中使得河水 δ^{18}O 升高。托什干河(沙里桂兰克站)河水的 δ^{18}O 具有与库玛拉克河(协合拉站)河水 δ^{18}O 相似的趋势变化；较之库玛拉克河，托什干河河水年均 δ^{18}O 要大；托什干河河水 δ^{18}O 在春季融雪期的波动性要小于库玛拉克河，但夏季托什干河河水 δ^{18}O 的波动性较大。这也证明了两条河流径流组分特征的差异性(图 7.2)。

为了更加系统地研究河流的径流组分特征，将分时间段对河水的径流组分进行讨论，基于阿克苏河流域两大支流出山口水文站的河水长期采样结果，结合年内的流量，将阿克苏河径流分为四个主要的补给时期。以阿克苏河为例，在冬季(从 11 月到来年的 2 月中旬)，河水的 δ^{18}O 趋于平稳、变化较小，这一时期河水的 δ^{18}O 的平均值介于–12‰VSMOW～–11‰VSMOW；这一时期的河水主要来源于基流地下水补给，为了便于计算，以 Q4 代表这一时段。鉴于这一时期径流主要来自于地下水，对径流组成不进一步划分。从 3 月开始，阿克苏河流域进入了大规模融雪期，径流的流量出现微弱波动，季节性融雪使得春季径流微弱增加；经受了强烈蒸发富集的融雪水(δ^{18}O 较高)拉高了河水 δ^{18}O；融雪主要受控于温度变化，

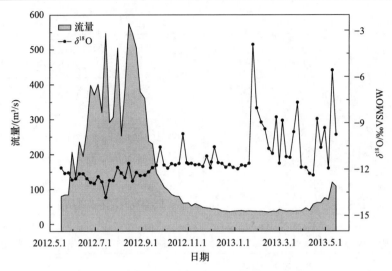

图 7.1　库玛拉克河流量与河水 $\delta^{18}O$ 过程线

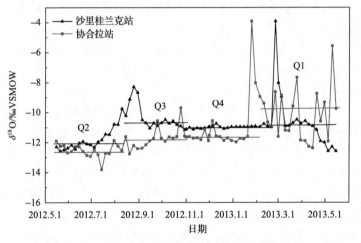

图 7.2　阿克苏河流域两大支流河水 $\delta^{18}O$ 年内变化

该地区春季气温波动性较大,使得融雪量波动性变大并导致河水 $\delta^{18}O$ 出现剧烈的波动。这一时期(用 Q1 代表)大约从 3 月到 4 月底,春季融雪水和地下水是这一时期径流的主要来源。从 5 月中旬开始,河水的 TDS 和 $\delta^{18}O$ 变得平稳,河流进入夏季降水融雪混合补给时期,这一时期(用 Q2 代表)一直持续到 9 月。从 9 月开始河流进入到秋季融雪期,这一时期(用 Q3 代表)河水的同位素值也有大幅波动,主要由季节性融雪造成;该时期一直持续到 11 月上旬(图 7.2)。

7.1.2　基于多元混合模型质量守恒法的径流分割

基于不同水体的氢氧稳定同位素浓度以及 TDS,结合同位素径流分割模型,

将阿克苏河流域划分为三个补给阶段的径流组成并计算不同水源的贡献率。表 7.3
显示了库玛拉克河各补给时期的径流组成及贡献率。结果显示,地下水(包含裂隙
基岩水)对于库玛拉克河径流的贡献最大,全年中有 54%的径流来自地下水的补
给;高山冰雪融水对库玛拉克河流域的径流贡献率也很大,全年中有 36%的径流
来自于此,其中冰川融水的年径流贡献率为 31%,季节性融雪水对径流的贡献约
为 5%;降水对于库玛拉克河径流的贡献率大约为 10%,可知该河流由降水直接
产生的径流比例不大,大部分降水通过下渗转化为地下水或转化为冰雪再补给给
径流。对比几个主要的补给时间段,在春季融雪期,融雪水成为径流最主要的补
给来源。径流分割的结果显示,大约有 52.5%的春季径流来自融雪水,这一时期
的降水贡献率仅为 2%。在夏季,尽管地下水依旧是主要水源,但冰川融水占据了
径流相当大的比例,大约 28.9%的径流来自于高山冰雪融水。在秋季,冰川融水
和雨水对于径流的贡献率开始上升,这一时期径流中大约有 35%来自于冰川融水,
有 24.9%来自于高山降水。

表 7.3　库玛拉克河径流组成及水源贡献率(Sun et al., 2016b)

补给时期	径流组分比例											
	地下水			融雪水			降水			冰川融水		
	参数		权重/%	参数		权重/%	参数		权重/%	参数		权重/%
	TDS/(mg/L)	$\delta^{18}O/\text{‰}$ VSMOW		TDS/(mg/L)	$\delta^{18}O/\text{‰}$ VSMOW		TDS/(mg/L)	$\delta^{18}O/\text{‰}$ VSMOW		TDS/(mg/L)	$\delta^{18}O/\text{‰}$ VSMOW	
Q1	700	−12.1	45.5	150	−7.5	52.5	100	−22.15	2	—	—	—
Q2	555	−14.2	63.5	—	—	—	130	−8.45	7.7	90	−9.7	28.9
Q3	770	−13.5	40.1	—	—	—	160	−9.89	24.9	90	−10.5	35
全年			54			5			10			31

径流分割的结果(表 7.4)显示,托什干河的径流组分特征与库玛拉克河径流组
分特征相似,地下水(包含裂隙基岩水)对于托什干河径流的贡献最大,全年中有
45%的径流来自于地下水的补给;高山冰雪融水对于托什干河流域的径流贡献率
也很大,全年中有 44.8%的径流来自于此,其中冰川融水的年径流贡献率为 36%,
季节性融雪水对径流的贡献约为 8.8%;降水对于托什干河径流的贡献率大约为
10.2%。在春季,托什干河径流的主要补给来自于融雪水,有 48.7%的径流是春季
融雪水贡献的。这一时期降水的贡献率大约占 5.4%。随着夏季的来临,托什干河
的主要补给源变为地下水,同时冰川融水成为一个重要的水源,约有 40.6%径流
来自于冰川融水。这一时期降水的贡献率只占到 8.3%。在秋季,径流组分特征又
发生变化,冰川融水(36.7%)和降水(24.5%)的贡献率较夏季大幅上升(表 7.4)。

表 7.4　托什干河径流组成及水源贡献率

补给时期	地下水			融雪水			降水			冰川融水		
	参数		权重/%	参数		权重/%	参数		权重/%	参数		权重/%
	TDS/(mg/L)	$\delta^{18}O$/‰ VSMOW		TDS/(mg/L)	$\delta^{18}O$/‰ VSMOW		TDS/(mg/L)	$\delta^{18}O$/‰ VSMOW		TDS/(mg/L)	$\delta^{18}O$/‰ VSMOW	
Q1	700	−12.57	45.9	150	−7.5	48.7	100	−22.15	5.4	—		—
Q2	590	−12.8	51.1				145	−5.5	8.3	90	−10.6	40.6
Q3	600	−12.8	38.8				140	−7.9	24.5	90	−10.6	36.7
全年			45			8.8			10.2			36

对比阿克苏河的两个支流的径流组成及水源贡献率发现，两条河的径流组分存在细微的差异，地下水虽然都是径流的主要补给源，但是两条河中的贡献率有明显差异，库玛拉克河的地下水贡献率高于托什干河。托什干河径流中来自冰雪融水的比例较高，冰雪融水的贡献率较之库玛拉克河高出近 9 个百分点，这表明天山西部的托什干河径流对于冰雪融水的依赖性较大，容易受气温变化的影响。降水对两大支流径流的贡献几乎相同，全年的比例大约有 10%，这表明降水的变化可能不会直接造成径流的强烈变化。

7.2　开都河流域径流组分特征分析

本节选取开都河流域的黄水沟水文站作为长期的河水观测站，以揭示该流域径流的组成及各水源在径流中所占的比例。2013 年 5 月～2014 年 7 月，每 5 天对河水进行一次收集；同时采集当地的降水(按降水事件采集)及地下水样品(按季节采集)。结合采集自天山天格尔峰 1 号冰川的冰川样品，对于提孜那甫河流域径流过程线进行水源分割。

7.2.1　河水稳定同位素浓度过程线特征

由黄水沟河水 $\delta^{18}O$ 的年内变化(图 7.3)可知，全年的河水 $\delta^{18}O$ 最低值出现在 5 月中旬，最高值出现在春季融雪期 4 月。从 9 月到第二年的 2 月河水 $\delta^{18}O$ 变化较小，基本上处于稳定状态。2～4 月之间河水的 $\delta^{18}O$ 对应一个高值阶段；5～6 月河水的 $\delta^{18}O$ 对应一个低值阶段；6 月以后河水 $\delta^{18}O$ 开始波动上升。结合黄水沟 2013 年 5 月～2014 年 7 月的流量变化发现，夏季流量的波动会与河水 $\delta^{18}O$ 的变化趋势一致，春季的河水 $\delta^{18}O$ 变化并没有对应明显的流量变化。

为了揭示黄水沟径流组分的时间变化，将分时间段对河水的径流组分进行讨论，基于黄水沟水文站的河水长期采样结果，结合检测时期的流量，将黄水沟的

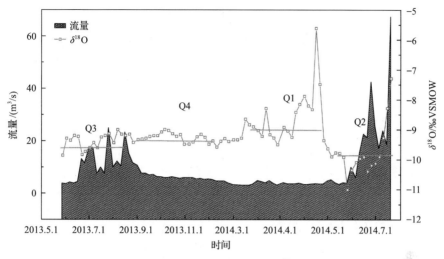

图 7.3　黄水沟径流量年变化与河水 $\delta^{18}O$ 年内变化

径流分为四个主要的补给时期。在冬季(从 12 月到来年的 2 月中旬)，河水的 $\delta^{18}O$ 趋于平稳，变化较小，这一时期河水的 $\delta^{18}O$ 的平均值介于-10‰VSMOW～ -9.5‰VSMOW；这一时期的河水主要来源于基流地下水补给，因此对其径流组成不进一步划分。从 3 月开始，黄水沟流域进入融雪期，径流的流量出现微弱波动，季节性融雪使春季径流微弱增加；强烈的蒸发富集的融雪水($\delta^{18}O$ 较高)拉高了河水 $\delta^{18}O$，融雪主要受控于温度变化，该地区春季气温的较大波动造成融雪量变化波动并进一步导致河水 $\delta^{18}O$ 出现剧烈的波动。这一时期(用 Q1 代表)从 3 月到 4 月底，春季融雪水和地下水是径流的主要来源。从 5 月中旬开始，河水的 $\delta^{18}O$ 急剧下降，河流进入夏季降水融雪混合时期，携带着较低 $\delta^{18}O$ 的冰川融水和降水降低了河水的 $\delta^{18}O$，这一时期(用 Q2 代表)一直持续到 7 月。7 月以后河水的 $\delta^{18}O$ 在波动中上升，夏季持续的高温使得冰川融水量稳定，同时高山降水导致了这一时期河水 $\delta^{18}O$ 的波动，这一时期(用 Q3 代表)持续到 8 月底。9 月初～11 月底，黄水沟流域进入秋季融雪期，但此时期河水的 $\delta^{18}O$ 波动较小，可见这一时期融雪水对径流的贡献率并不是很高。

7.2.2　基于多元混合模型质量守恒法的径流分割

基于不同水体的氢氧稳定同位素浓度及 TDS，结合同位素径流分割模型，划分黄水沟流域四个补给阶段的径流组成并计算不同水源的贡献率。黄水沟各补给时期的径流组成及贡献率结果(表 7.5)显示，地下水(包含裂隙基岩水)对黄水沟径流的贡献最大，全年有 61.9%的径流来自地下水的补给；高山冰雪融水对于黄水沟流域的径流贡献率也很大，全年有 24.2%的径流来自于此，其中冰川融水对年径流的贡献率为 15.5%，季节性融雪水对径流的贡献约为 8.7%；降水对于库玛拉克河径流的贡献率大约为 13.9%。由此可知，该河流由降水直接产生的径流比例不大，大部分降水通过下渗转化为地下水或转化为冰雪再补给径流。

表 7.5　黄水沟河径流组成及其水源贡献率(Sun et al., 2016e)

补给时期	水源比例/%			
	地下水	冰川融水	融雪水	降水
Q1	55.6		44.4	
Q2	54.3	24.6		21.1
Q3	56.4	21.3		22.3
Q4	83.2		16.8	
全年	61.9	15.5	8.7	13.9

对比几个主要的补给时间段，在春季融雪期，径流分割的结果显示大约有44.4%的春季径流来自融雪水，地下水贡献率为 55.6%。在 Q2 时期，尽管地下水依旧是主要水源，但冰川融水占据径流相当大的比例，大约 24.6%的径流来自高山冰川融水，降水对径流的贡献率为 21.1%。在 Q3 时期，黄水沟的径流组分特征与 Q2 时期相近，地下水依旧是径流的主要水源；冰川融水的贡献率为 21.3%；降水对径流的贡献率较之前一个时期略有上升，达到 22.3%。Q4 时期，黄水沟径流中有 83.2%来自地下水，因此这一时期的河水的 $\delta^{18}O$ 变化变化较小，融雪水在这一时期对径流的贡献率小于春季融雪期，约为 16.8%。

7.3　天山南北典型内陆河同时期径流组分对比分析

选取位于天山北坡的乌鲁木齐河流域以及南坡的黄水沟流域作为研究区域，两个流域共同发源于天山中部的天格尔峰，其流域邻近，源流区高山冰雪、冰川及降水过程相近，可以很好地比较水源构成的南北差异(图 7.4)。

乌鲁木齐河流域(86°45′~87°56′E，43°00′~44°07′N)位于天山中部，流域南北长达到 200km，东西方向延伸达 25~50km，出山口以上总流域面积 924km^2。其周围濒临三大沙漠，分别是南面的塔克拉玛干沙漠、北面的准格尔沙漠以及东面的古尔班通古特沙漠。乌鲁木齐河流域广泛地分布着山岳冰川，其河源区分布着 7 条山岳冰川，其中位于流域东北方向的乌鲁木齐河源 1 号冰川是最大的。乌鲁木齐山区多年平均降水量大约为 500mm，年均温为 1.2℃，潜在蒸发量为953mm，属于典型的高山高寒气候。其出山口水文站多年平均径流量约为$2.44\times10^8m^3$。黄水沟流域位于天山南坡，其同样发源于天山中段的天格尔峰，出山口水文站为黄水沟水文站，其山区面积为 4311km^2，流域多年平均降水量为217mm，潜在蒸发量 1216mm，多年平均温度为 8.7℃，黄水沟流域气候较北坡的乌鲁木齐河流域干旱。黄水沟水文站多年平均径流量为 $2.56\times10^8m^3$。

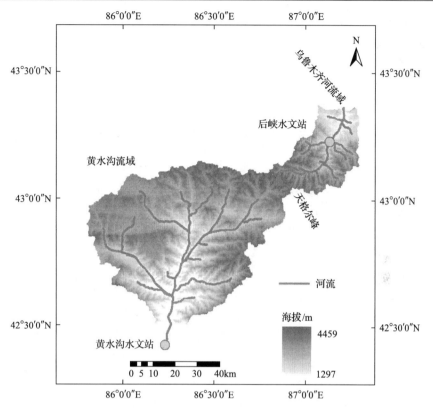

图 7.4　乌鲁木齐河流域与黄水沟流域位置及采样点

　　为了对流域河水的变化进行全面了解，在后峡水文站(乌鲁木齐河流域)以及黄水沟水文站(黄水沟流域)开展了长期的地表水监测，监测时间段为 2013 年 6 月～2014 年 6 月，监测期内每 5 天对地表水进行一次采样。采样前先将储存水样的容器用采集的水体涮洗 3～5 遍，样品采集后立刻装入 8mL 玻璃瓶中，并用 Parafilm 封口膜进行密封，所有样品取 2 个重复以便保存。采样后将样品存于–4℃ 的冰箱中冷藏储存。另外，选用一个 500mL 的采样瓶收集河水用于水化学分析。地下水的监测点选取自两个观测水文站内地下水井，在研究期分别对于两个水文站内地下水监测井开展以月为单位的地下水取样，取样方法与河水等同。同时也在两个河水观测站点开展了对应时间的降水样品的采集；在天山乌鲁木齐河河源 1 号冰川开展了相应的冰雪融水的采集。

7.3.1　不同水体的氢氧稳定同位素特征

　　分析结果显示，在研究期内，乌鲁木齐河流域的降水 $\delta^{18}O$ 的变化在 –28.7‰VSMOW～–1.3‰VSMOW，平均值为–11.7‰VSMOW。降水 $\delta^{18}O$ 在 7～8 月表现出显著的富集特征，表明这一时期乌鲁木齐河流域降水受到强烈的蒸发影

响。黄水沟流域的降水 $\delta^{18}O$ 的变化在–31‰VSMOW～–3.9‰VSMOW，平均值为
–15.4‰VSMOW。黄水沟流域降水 $\delta^{18}O$ 在 6 月表现出显著的富集特征，在 2 月表
现出显著的贫化特征。乌鲁木齐河降水的同位素比黄水沟流域降水同位素表现出更
为显著的富集特征。

冰川融水样品的分析结果显示，研究区冰川融水并未表现出显著的时间变化特
征，其 $\delta^{18}O$ 的变化在–14.1‰VSMOW～–12.9‰VSMOW，平均值为–13.2‰VSMOW。
冰川融水的氧稳定同位素在 7 月表现较为富集的特征。

地下水样品的分析结果表明，乌鲁木齐河流域的地下水 $\delta^{18}O$ 比黄水沟流域的
地下水 $\delta^{18}O$ 呈现出更为富集的特征。两个流域地下水 $\delta^{18}O$ 也呈现出较为明显的季
节性变化特征，其春季地下水 $\delta^{18}O$ 较为富集，而夏季的地下水 $\delta^{18}O$ 较为贫化。夏
季地下水 $\delta^{18}O$ 的贫化主要是由于山区降水的下渗及冰川融水入渗补给浅层地下水。

乌鲁木齐河流域与黄水沟流域河水的氢氧稳定同位素变化特征分析结果显示
(图 7.5 和表 7.6)，两条河流河水 $\delta^{18}O$ 呈现出迥异的时间变化趋势。乌鲁木齐河
流域河水 $\delta^{18}O$ 呈现出显著的季节变化，河水的 $\delta^{18}O$ 在 6 月和 7 月之间表现出极
为贫化的特征，河水的 $\delta^{18}O$ 从 7 月开始呈现出一个增长趋势并在 11 月上旬达到
最大值，随后呈现下降趋势并在冬季保持相对稳定的趋势(图 7.5)。在春季，乌鲁
木齐流域河水 $\delta^{18}O$ 呈现出显著的波动，这与当地春季积雪融化补给径流有密切关
系。而黄水沟流域河水 $\delta^{18}O$ 呈现出与乌鲁木齐河流域显著不同的变化趋势，这说
明两条河流的径流组分具有较为明显的差异。黄水沟流域河水 $\delta^{18}O$ 的最小值出现
在 5 月，最大值出现在 4 月。对比乌鲁木齐河流域，黄水沟流域河水 $\delta^{18}O$ 表现出

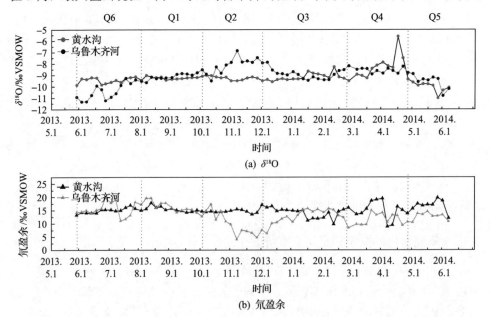

(a) $\delta^{18}O$

(b) 氘盈余

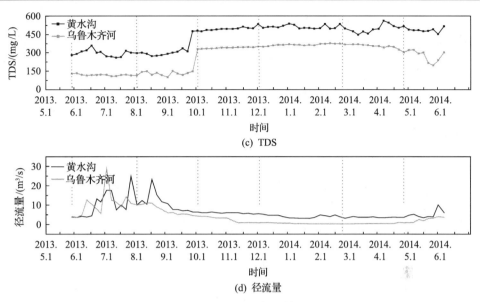

图 7.5　乌鲁木齐河流域与黄水沟流域河水 δ^{18}O 等参数时空分布特征图

表 7.6　乌鲁木齐河流域与黄水沟流域不同时期河水、降水、地下水、冰川融水及融雪水稳定同位素均值

时期	流域	河水		降水		地下水		冰川融水		融雪水	
		δ^2H/‰ VSMOW	δ^{18}O/‰ VSMOW	δ^2H/‰ VSMOW	δ^{18}O/‰ VSMOW	δ^2H/‰ VSMOW	δ^{18}O/‰ VSMOW	δ^2H/‰ VSMOW	δ^{18}O/‰ VSMOW	δ^2H/‰ VSMOW	δ^{18}O/‰ VSMOW
Q1	黄水沟	−51.9	−8.4	−144.0	−18.1	−54.3	−9.1			−41.0	−7.1
	乌鲁木齐河	−57.5	−8.6	−69.1	−8.8	−55.8	−8.9			−43.1	−7.1
Q2	黄水沟	−61.2	−9.6	−41.6	−5.8	−56.2	−9.4	−82.5	−13.1		
	乌鲁木齐河	−66.3	−10.1	−43.0	−5.6	−63.0	−9.2	−88.0	−13.6		
Q3	黄水沟	−58.6	−9.3	−41.6	−7.1	−58.2	−9.4	−78.0	−12.9		
	乌鲁木齐河	−56.6	−9.2	−23.8	−4.3	−64.0	−9.2	−79.0	−13.0		
Q4	黄水沟	−59.2	−9.3	−112.9	−15.9	−59.0	−9.5			−39.9	−6.9
	乌鲁木齐河	−55.1	−8.1	−74.0	−10.9	−61.0	−9.0			−41.3	−7.0
Q5	黄水沟	−59.2	−9.3	−48.4	−8.1						
	乌鲁木齐河	−56.4	−8.9	−29.6	−5.5						

较为稳定的态势，但黄水沟流域河水 δ^{18}O 的年均值（−9.2‰VSMOW）要低于天山北坡的乌鲁木齐河流域河水 δ^{18}O（−9.1‰VSMOW）。

氘盈余的分析结果显示，两条河流在年内表现出显著的差异，这表明两条河流的径流组分特征在年内有较为明显的差异。乌鲁木齐河流域，河水的氘盈余呈现出较为显著的变化特征，尤其在夏季，这表明夏季乌鲁木齐河径流组分变化显著，河水受降水的影响较为明显。黄水沟流域河水的氘盈余只是在春季表现出显著的波动，其余时间段内较为稳定，这主要是由于春季融雪水补给河水造成径流组分特征发生显著变化。对比两条河流，黄水沟流域河水的总盐分要大于北坡的乌鲁木河流域，两条河流河水的水化学特征呈现较为相似的变化趋势。

7.3.2　径流组分特征分析

前人的研究指出，中国西北部天山地区径流的主要来源包括山区降水、高山冰川融水、季节融雪水及包含基岩裂隙水在内的地下水。根据不同水体的稳定同位素及水化学测试结果，基于多水源同位素径流分割模型，本节定量解析天山南北坡黄水沟流域与乌鲁木齐河流域的径流组分特征。为了便于径流分割，将研究期内的径流分为 4 个不同的时期，分别用 Q1、Q2、Q3、Q4 表示(表 7.7)。基于径流分割的结果显示，在 Q2 时期，天山南北坡山区径流中地下水的贡献较大，占径流组成的 50%左右，其中位于南坡的黄水沟这一时期地下水的贡献率要大于乌鲁木齐河。对比两条河流，这一时期径流组成中冰川融水与降水的贡献率差异明显，其中冰川融水对于北坡的乌鲁木齐河径流贡献率高于黄水沟，而这一时期黄水沟径流中降水的贡献率要高于乌鲁木齐河。Q3 时期，径流组分特征发生了显著的变化，黄水沟流域河水中冰川融水的比例在增加，而乌鲁木齐河流域河水中冰川融水比例有所下降。这一时期，两条河流径流中降水的贡献率都有所上升，其中乌鲁木齐河的降水贡献率增加显著。Q1、Q4 时期分别对应秋季融雪期与春季融雪期，两个时期内径流的主要补给为地下水及融雪水，径流分割的结果显示，乌鲁木齐河流域春季融雪期与秋季融雪期径流中融雪水的比例较为稳定，而黄水沟流域径流中融雪水的比例在两个时期内差异十分明显，黄水沟流域春季融雪期对径流的贡献率要远高于秋季融雪期，这与黄水沟流域春季温度比秋季温度高有关。

表 7.7　乌鲁木齐河流域与黄水沟流域不同时期内径流组分特征统计表(Sun et al., 2016a)

编号	时期	河流	分割比例/%			
			地下水	冰川融水	融雪水	降水
Q1	2014.3~2014.4	黄水沟	55.6		44.4	
		乌鲁木齐河	72.7		27.3	
Q2	2014.5~2014.7	黄水沟	58.4	21.0		20.6
		乌鲁木齐河	49.9	34.4		15.7
Q3	2014.8~2014.9	黄水沟	54.2	24.7		21.1
		乌鲁木齐河	49.3	25.1		25.6
Q4	2014.10~2014.11	黄水沟	83.2		16.9	
		乌鲁木齐河	75.9		24.1	

基于每个时期的平均径流量，加权计算出乌鲁木齐河流域与黄水沟流域年内径流组成比例。从两个流域不同水体对径流的贡献率(图 7.6)可以看出，地下水(包含有裂隙基岩水)对天山南北坡径流都有巨大的贡献，其次是冰川融水、

降水及融雪水。在黄水沟流域的年径流中,大约有 61.9%径流来自地下水补给(包含裂隙基岩水),冰川融水的贡献率大约为 15.5%,降水对黄水沟河水的贡献率为 13.9%,只有 8.7%的河水来自融雪水。而天山北坡的乌鲁木齐河流域,大约有 52.9%的河水来自于地下水的补给,这一比例远低于黄水沟流域。降水对于年径流的贡献率达到 17%,这比天山南坡的黄水沟流域要高,说明乌鲁木齐河径流对于降水的变化响应程度要大于天山南坡的黄水沟流域。冰川融水在乌鲁木齐流域径流中具有较大的贡献率,大约有 26.7%的河水来自于冰川融水的补给,这说明乌鲁木齐河是一条典型冰川融水补给的河流,气温的变化可能会对径流具有显著的影响。融雪水对乌鲁木齐河径流的贡献率非常小,仅为 3.4%,尽管融雪水是新疆乃至中国西北区河流重要的水源,但是在天山中段的山区径流中所占的比例并不明显。

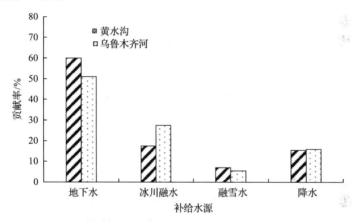

图 7.6　黄水沟流域与乌鲁木齐河流域年内径流组分特征

7.4　提孜那甫河流域径流组分特征分析

为了对比研究天山山区与其邻近区域地表径流的组分特征,选取叶尔羌河流域的提孜那甫河出山口水文站江卡站作为长期的河水观测站,以揭示该流域径流的组成及各水源在径流中所占的比例。2012 年 1 月～2013 年 1 月,每 5 天对河水进行一次采集;同时采集当地的降水(按降水事件采集)及地下水样品(按季节采集)。结合采集自喀喇昆仑山慕士塔格峰冰川的样品,对提孜那甫河流域径流过程线进行水源分割。

7.4.1　河水稳定同位素浓度过程线特征

从提孜那甫河河水 $\delta^{18}O$ 的年内变化(图 7.7)可以看出,河水 $\delta^{18}O$ 呈现出不同于阿克苏河的特征。全年的河水 $\delta^{18}O$ 最低值出现在 4 月下旬，最高值出现在夏季末的 8 月下旬。夏季河水 $\delta^{18}O$ 变化剧烈、波动性巨大，春季河水的 $\delta^{18}O$ 也有微弱变化，冬季河水 $\delta^{18}O$ 变化较小。结合提孜那甫河 2012 年的径流变化发现，夏季径流的波动会引起河水 $\delta^{18}O$ 的变化，这主要是由降水对径流的补给造成的。高流量时期对应的河水 $\delta^{18}O$ 较大，这是由于夏季降水受到强烈蒸发，降水中 $\delta^{18}O$ 较高，携带着较高 $\delta^{18}O$ 的雨水补给河水从而提升了河水的 $\delta^{18}O$。从图中可知，夏季径流量与河水 $\delta^{18}O$ 有近似的变化趋势，夏季径流的剧烈波动主要是降水引起的，这也表明降水对提孜那甫河水的 $\delta^{18}O$ 影响巨大。

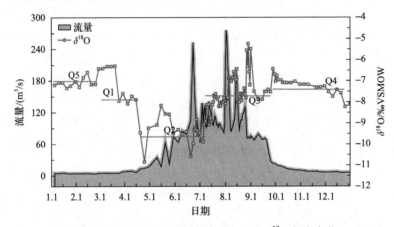

图 7.7　提孜那甫河径流量年变化与河水 $\delta^{18}O$ 年内变化

江卡站的长期河水 $\delta^{18}O$ 过程观测结果显示，提孜那甫河河水的 $\delta^{18}O$ 有 5 个显著的阶段。冬季(12 月到来年 2 月，以 Q5 代替)河水的 $\delta^{18}O$ 相对稳定，这一时期的河水主要是地下水补给。3 月到 4 月中旬(Q1)，河水的 $\delta^{18}O$ 出现微弱的波动，融雪水的注入使得河水的 $\delta^{18}O$ 发生变化，这一时期的河水 $\delta^{18}O$ 的平均值为 -7.85‰VSMOW。4 月下旬～7 月中旬(Q2)，提孜那甫河河水的 $\delta^{18}O$ 达到全年最低的水平(平均值为-9.39‰VSMOW)，这一时期也是提孜那甫河流域主要的降水时期，具有较低 $\delta^{18}O$ 水平的高山降水稀释了河水，降低了 $\delta^{18}O$。7 月下旬以后河水的 $\delta^{18}O$ 出现回升，$\delta^{18}O$ 的平均值达到-7.56‰VSMOW，这一时期温度较高，高山的冰雪开始大规模融化，同时地下水补给量也变大，一直持续到 10 月初(Q3)。从 10 月初至 12 月初(Q4)，提孜那甫河流域又进入秋季融雪补给期，这一时期的河水 $\delta^{18}O$ 呈现细微变化(平均值为-7.23‰VSMOW)，这主要是季节性融雪造成的。

7.4.2　基于多元混合模型质量守恒法的径流分割

基于提孜那甫河流域不同水体的氢氧稳定同位素浓度以及 TDS，结合同位素径流分割模型，将提孜那甫河流域划分为四个不同的补给阶段的径流组成，并计算不同水源的贡献率。同位素径流分割的结果显示，提孜那甫河流域的主要水源来自降水，大约 42%的径流来自降水补给，地下水也是提孜那甫河径流的重要组成部分，41%的径流来自地下水补给。在提孜那甫河全年的径流中，约有 17%来自冰雪融水，所占的比例不大。比较四个主要的补给时期，春季(Q1)和秋季(Q4)，冰雪融水是构成提孜那甫河径流的主要成分，春季冰雪融水对径流的贡献率高达55.6%，秋季径流中有 56.1%来自冰雪融水的贡献；这两个时期地下水的贡献率都在 42%左右，而降水在春季及秋季径流的比例很小。Q2 时期，河流的主要水源补给变为降水，这一时期的径流中降水的贡献率高达 54.4%，地下水的贡献率约为45.5%，由于这一时期山区的气温相对较低，冰川融水对于径流的补给很微弱。进入 Q3 时期，高山的冰雪融水对于径流贡献加大，这一时期有大约 27.1%的径流来自高山冰雪融水，而此时降水依旧是河川径流的最主要组成部分，降水的贡献率为 39.4%，同时有 33.5%径流来自于地下水的补给。

　　对比四个不同季节的径流组分特征，其中地下水在 Q1、Q2、Q4 时期都具有很高的贡献率，其贡献率都在 42%以上，其中在 Q2 时期的地下水贡献率最大。冰雪融水的补给主要集中于 Q1 和 Q4 时期，其中秋季融雪期，冰雪融水对径流的补给量达到 56.1%，夏季冰雪融水对径流的补给最小。与其他几个天山地区内陆河流域不同的是，提孜那甫河流域降水对径流的补给比例较大，其中尤其以夏季最为显著，在 Q2 时期，大气降水对河川径流的补给量达到 54.4%，说明昆仑山地区内陆河流域相比于天山山区内陆河更容易发生突发暴雨型洪水。

　　为了比较不同季节径流的组分特征，基于年径流量计算不同季节径流的组成比例。结果显示(表 7.8)，春季径流中有 50%来自冰雪融水的补给，地下水对春季

表 7.8　提孜那甫河径流组成及水源贡献率(Sun et al., 2019, 2017)

补给阶段	径流组分比例								
	地下水			冰雪融水			降水		
	输入参数		权重/%	输入参数		权重/%	输入参数		权重/%
	TDS /(mg/L)	$\delta^{18}O$ /‰VSMOW		TDS /(mg/L)	$\delta^{18}O$ /‰VSMOW		TDS /(mg/L)	$\delta^{18}O$ /‰VSMOW	
Q1	713	−9.4	42.6	170	−6.42	55.6	110	−15.17	1.8
Q2	713	−8.54	45.5	70	−10.68	0.1	120	−10.1	54.4
Q3	800	−9.41	33.5	70	−10.68	27.1	160	−3.85	39.4
Q4	713	−9.24	42.5	170	−5.30	56.1	110	−24.17	1.4
春季			41			50			9
夏季			39			9			51.8
秋季			42.5			56.1			1.5
冬季			100			—			—
全年			41			17			42

径流的贡献率为41%，只有9%的径流来自降水。夏季，有51.8%的径流来自降水，这表明夏季降水对于径流的变化具有重要作用；地下水的贡献率为39%；不同于其他内陆河流域，提孜那甫河流域径流中冰雪融水的比例较小，即便夏季径流也只有9%径流来自冰雪融水的补给。秋季河水的补给主要来自冰雪融水，大约56.1%的径流来自于此，地下水的贡献率约为42.5%，降水的补给量微弱。全年径流中，降水和地下水对提孜那甫河径流的贡献率相似，但降水略高于地下水，约有42%的年径流来自降水补给，41%的年径流来自地下水补给，只有17%的年径流来自冰雪融水。

7.5　天山及邻近内陆河流域径流对气候变化的响应

在诸多水文问题中，径流的起源信息一直是水文学家关注的焦点。系统解析地表水的径流组分特征可以揭示洪水、干旱、极端降水、冰雪消融、气候变暖等对河流系统的影响，已成为气候变化及水循环研究的重要部分。同位素径流分割是基于一种假设，即某一特定时刻河水是几种同位素浓度稳定的水体的混合，在分割时期，几种水体的稳定同位素浓度保持稳定。

在全球变暖的背景下，高纬度高海拔地区的冰川冻土萎缩退化严重，这引起了广泛关注。积雪及冰雪的融化、冰川的退缩可以改变高寒山区内陆河流的径流时空动态变化，尤其是对于冰川融水、冻土融水贡献率较大的河流。因此，研究气候变化对内陆河流域水文过程的影响，解析山区内陆河流的径流组分是一个重要的内容。由于高寒山区野外工作较为困难，气象及水文观测较为困难，难以利用传统的气候径流数据来评价高寒山区内陆河流域对气候变化的响应。近年来一些科学家开始利用同位素示踪剂，借助同位素径流分割，解析内陆河流域中冰雪融水、高山降水对内陆河径流组分的贡献，并基于不同径流组分的贡献率判读不同内陆河流域对气候变化的敏感性。

过去几十年来，气温上升、温度的季节及年际变化，已经导致我国西北高寒山区内陆河流域的径流量增加，同时导致内陆河流域径流组分中冰川融水、融雪水的比例上升。根据学者的研究，在1961~2006年，祁连山内陆河流域径流中大约有14.1%的径流来自冰雪融水的补给(Li et al., 2016b)。在贡嘎山的海螺沟流域，多年的径流中有54.6%来自冰雪融水的补给。在西南地区的玉龙雪山地区，多年的径流观测资料显示，其冰雪融水的比例在过去30年都呈现上升的趋势，其中1994~2003年，冰雪融水的比例要高于降水的径流贡献(Li et al., 2016a)。在横断山区，冰雪融水对高山径流的贡献率为63.8%~92.6%(Liu et al., 2008)。除中国西北地区之外，在欧洲的阿尔卑斯山区，冰雪融水对高寒山区的径流贡献率随着气候变暖也呈现上升趋势。在意大利东部的阿尔卑斯山区冰雪融水对高山径流的贡献率超过了 60%(Penna et al., 2016)。

除了冰雪融水,冻土融水是另一种对气候变化极其敏感的水资源,随着气候变化的持续,多年冻土加速融化,释放出大量的水体及气体,补给山区河流,改变高山水循环模式,这将加剧气候变化的影响。之前的许多研究已经证实,冻土的退化对径流具有显著的影响,导致土壤抗渗性下降或消失,从而使地下水与外界的联系加剧,导致更多的地下水排泄到河水中。相关的研究在我国的松花江、阿尔泰山、昆仑山、黑河及疏勒河流域都得到了证明,在俄罗斯的西伯利亚地区也证明了这一现象的存在。

本节选择天山山区的乌鲁木齐河流域、开都河流域以及阿克苏河流域与河西走廊疏勒河、黑河上游、老虎沟河、葫芦沟河以及昆仑山地区的提孜那甫河作为典型代表,讨论我国西北地区内陆河流域径流组分特征。

为了确定不同流域径流组成的主要补给源,选择运用端部混合分析(end member mixing analysis, EMMA)模型来确定径流组分元素。该模型主要应用基于不同水源的不同示踪元素,运用样点的分布几何结构判读不同端源样品(各补给源)与混合样品(径流)之间的关系。目前该方法广泛应用于判读径流组分的研究中。根据前人的研究,收集天山及祁连山等地区内陆河流域径流中可能补给源的同位素及水化学特征参数,并以此构建适合我国西北地区的径流组分判读的 EMMA 模型(图 7.8 和图 7.9)。EMMA 模型中选择示踪剂时,需要选取两种相关性较小、稳定的示踪剂,一般在实际工作中多选择水体稳定同位素与水化学中较为稳定的离子。以往的研究发现,天山山区水体中 TDS 具有较为稳定的特征,可以作为天山山区 EMMA 模型的输入参数。而河西走廊地区,由于水体中 TDS 差异较大,选择在以往研究中水体区分度较好的氯离子作为输入参数。

天山山区阿克苏河流域、乌鲁木齐河流域、开都河流域及昆仑山地区提孜那甫河流域不同水体构成的 EMMA 模型如图 7.8 所示,在天山西部的阿克苏河流域,河水的样点位于地下水、融雪水、冰川融水和降水构成的三角形中心,表明河水受上述几种水源的影响。与此同时,河水更加偏向于地下水一端则表明在阿克苏

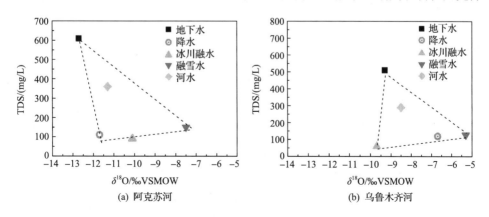

(a) 阿克苏河　　　　　　　　　　　　(b) 乌鲁木齐河

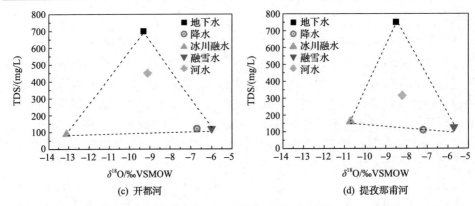

图 7.8　基于水体 $\delta^{18}O$ 和 TDS 的天山内陆河流域的 EMMA 模型

(Sun et al., 2018, 2017, 2016a, 2016c, 2016d, 2016e)

河流域，河水可能更多地受地下水补给的影响。在天山北坡的乌鲁木齐河流域及天山南坡的开都河流域也观测到相同的现象。表明天山山区内陆河流域径流中地下水占有重要地位。但在昆仑山地区的提孜那甫河流域河水的样点分布于地下水、冰川融水、降水、融雪水构成三角形的中心位置，其位置更接近于降水样点，说明昆仑山山区径流中降水的贡献率较高。

　　从河西走廊内陆河流域基于不同水体 $\delta^{18}O$ 和 Cl^- 浓度的 EMMA 模型(图 7.9)可以看出，河西走廊内陆河径流河水大都分布于地下水、降水、冰川融水构成的三角形内部，但不同的内陆河流域河水分布的位置不尽相同，其中黑河上游地区河水的分布趋向于冰川融水，疏勒河地区河水的样点位于几个样点的中心，更趋向于地下水。在葫芦沟河流域及老虎沟河流域河水的样点趋向于降水，说明降水对河水的贡献率较大。

　　从 EMMA 模型中可以发现，天山山区及河西走廊西部内陆河(疏勒河)径流中地下水对河水的贡献率较大，而昆仑山地区及河西走廊东部内陆河(葫芦沟河、老虎

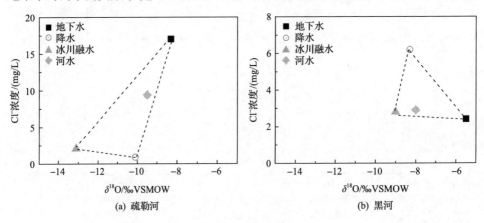

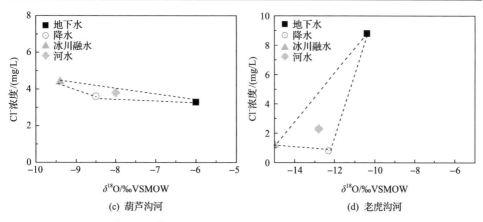

图 7.9　基于水体 $\delta^{18}O$ 和 Cl⁻浓度的河西走廊内陆河流域的 EMMA 模型

沟河)流域地下水对河水的贡献率降低,降水成为河水的重要补给源。冰川融水在乌鲁木齐河流域及黑河上游地区径流中有重要影响。

西北典型内陆河流域径流组分特征如图 7.10 所示,图中包含天山山区的阿克苏河、开都河、乌鲁木齐河,昆仑山地区的提孜那甫河以及河西走廊内陆河地区疏勒河、黑河、葫芦沟河及老虎沟河。研究表明,河川径流中冰雪融水比例高的河流对于全球气候变化中温度上升更为敏感,以冰雪融水为主要补给的河流在温度上升时冰川融水增加,会导致高寒内陆河径流量快速增加,但这种增加是短暂的,一旦冰雪消融殆尽,内陆河径流将急速减少,危及以内陆河为主要水源的绿洲区生态安全。此外,高寒山区降水,作为干旱区一切水资源的原始补给,降水在气候变化背景下也呈现波动式增加,势必会影响高山山区内陆河径流,尤其是以降水为主要补给的内陆河,径流对降水的变化更为敏感。

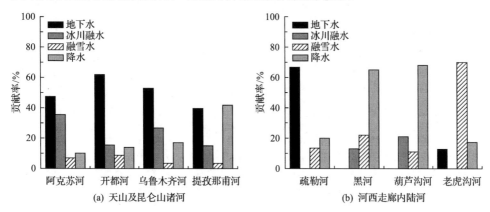

图 7.10　西北典型内陆河流域径流组分特征

天山山区的阿克苏河、开都河、乌鲁木齐河及河西走廊内陆河地区的疏勒河的径流组分中，地下水所占的比例较大，同时阿克苏河及乌鲁木齐河的径流中冰川融水的比例较大，说明这两条河流对于气候变化中温度的变化较为敏感。此外，河西走廊内陆河地区老虎沟河流域雪融水是径流中最主要的补给源，所占的比例超过 70%，表明老虎沟流域极易受气温变化的影响。西北内陆河流域中位于昆仑山地区的提孜那甫河，河西走廊内陆河地区的黑河上游、葫芦沟河流域径流组成中降水所占的比例较高，说明这几条河流对气候变化中降水的变化极为敏感。

此外，尽管西北内陆河流域径流组成中地下水所占比例较大，但是气候变化的影响也较为显著。气温变化导致高寒山区的季节冻土融化，降低了土壤阻性，使地下水与地表水的作用增加，更多的地下水补给河水，短时期内也增加了河川径流。因此，气候变化对西北内陆河流域具有较为显著的影响。

7.6 本 章 小 结

基于天山西部的阿克苏河流域两大支流出山口水文站的河水长期采样结果，结合年内的流量，将阿克苏河径流分为四个主要的补给时期。地下水(包含裂隙基岩水)对于库玛拉克河径流的贡献最大，全年中有 54%的径流来自地下水的补给；高山冰雪融水对库玛拉克河流域的径流贡献率也很大，全年有 36%的径流来自于此，其中冰川融水的年径流贡献率为 31%，季节性融雪水对径流的贡献率约为 5%；降水对库玛拉克河径流的贡献率约为 10%。托什干河的径流组分特征与库玛拉克河径流组分特征相似，地下水(包含裂隙基岩水)对托什干河径流的贡献最大，全年中有 45%的径流来自地下水的补给；高山冰雪融水对托什干河流域的径流贡献率也很大，全年有 44.8%的径流来自于此，其中冰川融水的年径流贡献率为 36%，季节性融雪水对径流的贡献率约为 8.8%；降水对托什干河径流的贡献率约为 10.2%。对比阿克苏河两个支流的径流组成及水源贡献率发现，库玛拉克河的地下水贡献率高于托什干河。托什干河径流中来自冰雪融水的比例较高，冰雪融水的贡献率较之库玛拉克河高出近 9 个百分点。

同位素径流分割的结果显示：地下水(包含裂隙基岩水)对黄水沟径流的贡献最大，全年有 61.9%的径流来自地下水的补给；高山冰雪融水对黄水沟流域的径流贡献率也很大，全年有 24.2%的径流来自于此，其中冰川融水的年径流贡献率为 15.5%，季节性融雪水对径流的贡献约为 8.7%；降水对径流的贡献率大约为 13.9%，可知该河流由降水直接产生的径流比例不大，大部分降水通过下渗转化为地下水或转化为冰雪再补给径流。地下水是构成天山山区径流的主要水源。天山北坡的乌鲁木齐河河水中冰川融水的比例要高于南坡的黄水沟流域。天山南北坡径流具有迥然不同的季节性径流组分特征，在春季及晚秋的融雪期，乌鲁木齐河流域与黄水沟流域径流组分表现出十分显著的差异特征，春季黄水沟流域融雪水比例要远高于乌鲁木齐河流域，而晚秋乌鲁木齐河流域融雪水比例要高于黄水沟流域。乌鲁木齐河流域河水中冰川融水的比例较高，表明乌鲁木齐河流域对区域气温的变化具有显著的响应。

提孜那甫河流域的主要水源为高山降水，大约 42%的径流来自高山降水补给，地下水（包含裂隙基岩水）也是提孜那甫河径流的重要组成部分，41%的径流来自地下水补给。在提孜那甫河全年的径流中，约 17%来自冰雪融水，所占的比例不大。

西北内陆河流域径流组成中地下水所占比例较大，但是其对气候变化的影响也较为显著。气温变化导致高寒山区的季节冻土融化，降低了土壤阻性，使得地下水与地表水的作用增加，更多的地下水补给河水，短时期内也增加了河川径流。

天山西部、天山南坡与天山北坡三个地方的地下水、地表水的氢氧稳定同位素时空分布规律也表现出鲜明的空间差异。

参 考 文 献

阿依努尔·孜牙别克, 高婧. 2010. 气候变化对天山北坡奎屯河高山区地表径流的影响[J]. 冰川冻土, 32(6): 1186-1193.

陈静生. 1987. 水环境化学[M]. 北京: 高等教育出版社.

陈曦. 2010. 中国干旱区自然地理[M]. 北京: 科学出版社.

陈曦, 姜逢清, 王亚俊, 等. 2013. 亚洲中部干旱区生态地理格局研究[J]. 干旱区研究, 30(3): 385-390.

陈亚宁, 杨青, 罗毅, 等. 2012. 西北干旱区水资源问题研究思考[J]. 干旱区地理, 35(1): 1-9.

陈亚宁, 李稚, 范煜婷, 等. 2014. 西北干旱区气候变化对水文水资源影响研究进展[J]. 地理学报, 69(9): 1295-1304.

陈亚宁, 李稚, 方功焕, 等. 2017. 气候变化对中亚天山山区水资源影响研究[J]. 地理学报, 72(1): 18-26.

顾慰祖, 庞忠和, 王全九, 等. 2011. 同位素水文学[M]. 北京: 科学出版社.

郭小燕, 冯起, 李宗省, 等. 2015. 敦煌盆地降水稳定同位素特征及水汽来源[J]. 中国沙漠, 35(3): 715-723.

郭鑫, 李文宝, 杜蕾, 等. 2022. 内蒙古夏季大气降水同位素特征及影响因素[J]. 中国环境科学, 42(3): 1088-1096.

韩雪云, 杨青, 姚俊强. 2013. 新疆天山山区近51年来降水变化特征[J]. 水土保持研究, 20(2): 139-144.

郝玥, 余新晓, 邓文平, 等. 2016. 北京西山大气降水中 δD 和 $\delta^{18}O$ 组成变化及水汽来源[J]. 自然资源学报, 31(7): 1211-1221.

侯典炯, 秦翔, 吴锦奎, 等. 2011. 乌鲁木齐大气降水稳定同位素与水汽来源关系研究[J]. 干旱区资源与环境, 25(10): 136-142.

胡汝骥. 2004. 中国天山自然地理[M]. 北京: 中国环境科学出版社.

胡汝骥, 姜逢清, 王亚俊. 2003. 新疆雪冰水资源的环境评估[J]. 干旱区研究, 20(3): 187-191.

黄锦忠, 谭红兵, 王若安, 等. 2015. 我国西北地区多年降水的氢氧同位素分布特征研究 [J]. 水文, 35(1): 33-39.

黄一民, 章新平, 孙葭. 2014. 长沙大气水线及与局地气象要素的关系[J]. 长江流域资源与环境, 23(10): 1412-1417.

井哲帆, 叶柏生, 焦克勤, 等. 2002. 天山奎屯河哈希勒根51号冰川表面运动特征分析[J]. 冰川冻土, 24(5): 563-566.

孔彦龙. 2013. 基于氘盈余的内陆干旱区水汽再循环研究[D]. 北京: 中国科学院大学.

蓝永超, 吴素芬, 钟英君, 等. 2007. 近50年来新疆天山山区水循环要素的变化特征与趋势[J]. 山地学报, 25(2): 177-183.

蓝永超, 胡兴林, 丁宏伟, 等. 2014. 河西内陆河流域山区近50余年来气温变化的多尺度特征和突变分析[J]. 山地学报, 32(2): 163-170.

李小飞, 张明军, 李亚举, 等. 2012. 西北干旱区降水中 $\delta^{18}O$ 变化特征及其水汽输送[J]. 环境科学, 33(3): 711-719.

李兴金. 2018. 新疆渭干河流域降水变化及影响因素分析[J]. 地下水, 40(1): 177-178, 194.

李雪梅, 高培, 李倩, 等. 2016. 中国天山积雪对气候变化响应的多通径分析[J]. 气候变化研究进展, 12(4): 303-312.

李艳伟, 杜秉玉, 周晓兰. 2003. 新疆天山山区雨滴谱特性及分布模式[J]. 南京气象学院学报, 26(4): 465-472.

李永格, 李宗省, 冯起, 等. 2018. 托来河流域不同海拔降水稳定同位素的环境意义[J]. 环境科学, 39(6): 2661-2672.

梁长秀. 2009. 基于 RS 和 GIS 的北京市土地利用/覆被变化研究[D]. 北京: 北京林业大学.

刘昌明. 2011. 同位素水文学[M]. 北京: 科学出版社.

刘潮海. 1991. 中国天山冰川站手册[M]. 兰州: 甘肃科学技术出版社.

刘潮海. 1998. 天山冰川作用[M]. 北京: 科学出版社.

刘潮海, 丁良福. 1986. 天山山区冰川编目的新进展[J]. 冰川冻土, 8(2): 167-170.

刘栎杉, 延军平, 李双双. 2014. 太阳活动和大气涛动对天山南北气温波动的综合影响[J]. 资源科学, 36(3): 502-511.

刘时银, 姚晓军, 郭万钦, 等. 2015. 基于第二次冰川编目的中国冰川现状[J]. 地理学报, 70(1): 3-16.

刘鑫, 宋献方, 夏军, 等. 2007. 黄土高原岔巴沟流域降水氢氧同位素特征及水汽来源初探[J]. 资源科学, 29(3): 59-66.

刘雪媛, 陈粉丽, 周鑫. 2020. 不同算法下中国大气水线及其意义[J]. 安徽农业科学, 48(9): 1-7.

刘友存, 焦克勤, 赵奎, 等. 2017. 中国天山地区降水对全球气候变化的响应[J]. 冰川冻土, 39(4): 748-759.

柳鉴容, 宋献方, 袁国富, 等. 2008. 西北地区大气降水 $\delta^{18}O$ 的特征及水汽来源[J]. 地理学报, 63(1): 12-22.

柳鉴容, 宋献方, 袁国富, 等. 2009. 中国东部季风区大气降水 $\delta^{18}O$ 的特征及水汽来源[J]. 科学通报, 54(22): 3521-3531.

栾风娇, 周金龙, 贾瑞亮, 等. 2017. 新疆巴里坤-伊吾盆地地下水水化学特征及成因[J]. 环境化学, 36(2): 380-389.

孟玉川, 刘国东. 2010. 长江流域降水稳定同位素的云下二次蒸发效应[J]. 水科学进展, 21(3): 327-334.

潘国营, 秦永泰, 马亚芬, 等. 2015. 基于R/S和Morlet小波分析的丹河径流变化特征研究[J]. 水资源与水工程学报, 26(3): 41-45.

彭秋燕. 2015. 开都河径流过程模拟及对气候变化响应研究[D]. 乌鲁木齐: 新疆农业大学.

普宗朝, 张山清, 王胜兰, 等. 2009. 近36年天山山区潜在蒸散量变化特征及其与南、北疆的比较[J]. 干旱区研究, 26(3): 128-136.

《气候变化国家评估报告》编写委员会. 2011. 第二次气候变化国家评估报告[M]. 北京: 科学出版社.

邵杰, 李瑛, 候光才, 等. 2017. 新疆伊犁河谷地下水化学特征及其形成作用[J]. 干旱区资源与环境, 4(31): 99-105.

沈照理, 朱宛华, 钟佐燊. 1993. 水文地球化学基础[M]. 北京: 地质出版社.

施雅风. 2000. 中国冰川与环境——现在、过去和未来[M]. 北京: 科学出版社.

史玉光, 孙照渤, 杨青. 2008. 新疆区域面雨量分布特征及其变化规律[J]. 应用气象学报, 19(3): 326-332.

孙从建, 陈伟. 2017. 天山山区典型内陆河流域径流组分特征分析[J]. 干旱区地理, 40(1): 37-44.

王林. 2010. 天山奎屯河流域近40年来冰川变化特征研究[D]. 北京: 中国科学院研究生院.

王瑞久. 1983. 三线图解及其水文地质解释[J]. 工程勘察, 11(22): 6-11.

王涛, 张洁茹, 刘笑, 等. 2013. 南京大气降水氧同位素变化及水汽来源分析[J]. 水文, 33(4): 25-31.

王涛, 霍彦峰, 罗艳. 2016. 近300a来天山中西部降水与太阳活动的小波分析[J]. 干旱区研究, 33(4): 708-717.

王文彬. 2009. 新疆天山不同区域冰川变化观测事实与对比[D]. 兰州: 中国科学院寒区旱区环境与工程研究所.

王欣, 吴坤鹏, 蒋亮虹, 等. 2013. 近20年天山地区冰湖变化特征[J]. 地理学报, 68(7): 983-993.

吴军年, 王红. 2011. 张掖大气降水的 $\delta^{18}O$ 特征及水汽来源[J]. 安徽农业科学, 39(3): 1601-1604.

徐东斌. 2017. 新疆白杨河流域阿克苏河水文特性分析[J]. 地下水, 39(6): 179-181.

杨义, 舒和平, 马金珠, 等. 2017. 基于Mann-Kendall法和小波分析中小尺度多年气候变化特征研究——以甘肃省白银市近50年气候变化为例[J]. 干旱区资源与环境, 31(5): 126-131.

杨针娘. 1991. 中国冰川水资源[M]. 兰州: 甘肃科学技术出版社.

姚俊强, 杨青, 伍立坤, 等. 2016. 天山地区水汽再循环量化研究[J]. 沙漠与绿洲气象, 10(5): 37-43.

姚檀栋, 施雅风. 1988. 乌鲁木齐河气候、冰川、径流变化及未来趋势[J]. 中国科学, 6(12): 657-666.

袁晴雪, 魏文寿. 2006. 中国天山山区近40a来的年气候变化[J]. 干旱区研究, 23(1): 115-118.

曾帝, 吴锦奎, 李洪源, 等. 2020. 西北干旱区降水中氢氧同位素研究进展[J]. 干旱区研究, 37(4): 857-869.

张利田, 陈静生. 2000. 我国河水主要离子组成与区域自然条件的关系[J]. 地理科学, 20(3): 236-240.

张琳, 陈宗宇, 聂振龙, 等. 2008. 我国不同时间尺度的大气降水氧同位素与气温的相关性分析[J]. 核技术, 31(9): 715-720.

张强, 姚玉璧, 李耀辉, 等. 2015. 中国西北地区干旱气象灾害监测预警与减灾技术研究进展及其展望[J]. 地球科学进展, 30(2): 196-213.

张祥松, 孙作哲, 张金华, 等. 1984. 天山乌鲁木齐河源 1 号冰川的变化及其与气候变化的若干关系[J]. 冰川冻土, 6(4): 1-12.

章曙明. 2008. 新疆地表水资源研究[M]. 北京: 中国水利水电出版社.

章新平, 姚檀栋. 1994. 我国部分地区降水中氧同位素成分与温度和雨量之间的关系[J]. 冰川冻土, 16(1): 31-39.

赵良菊, 尹力, 肖洪浪, 等. 2011. 黑河源区水汽来源及地表径流组成的稳定同位素证据[J]. 科学通报, 56(1): 58-67.

中国科学院登山科学考察队. 1985. 天山托木尔峰地区的冰川与气象[M]. 乌鲁木齐: 新疆人民出版社.

中国科学院地理研究所冰川冻土研究室. 1965. 天山乌鲁木齐河冰川与水文研究[M]. 北京: 科学出版社.

中国科学院兰州冰川冻土研究所. 1986. 中国冰川目录·Ⅲ天山山区[M]. 北京: 科学出版社.

中国科学院新疆地理研究所. 1986. 天山山体演化[M]. 北京: 科学出版社.

中国科学院新疆综合考察队. 1978. 新疆地貌[M]. 北京: 科学出版社.

朱建佳, 陈辉, 巩国丽. 2015. 柴达木盆地东部降水氢氧同位素特征与水汽来源[J]. 环境科学, 36(8): 2784-2790.

左禹政, 安艳玲, 吴起鑫, 等. 2017. 贵州省都柳江流域水化学特征研究[J]. 中国环境科学, 37(7): 2684-2690.

Aðalgeirsdóttir G, Guðmundsson G H, Jörnsson H B. 2005. Volume sensitivity of Vatnajökull Ice Cap, Iceland, to perturbations in equilibrium line altitude[J]. Journal of Geophysical Research, 110(4): 1-9.

Barry R G. 2006. The status of research on glaciers and global glacier recession: A review[J]. Progress in Physical Geography, 30(3): 285-306.

Bazemore D E, Eshleman K N, Hollenbeck K J. 1994. The role of soil water in stormflow generation in a forested headwater catchment: Synthesis of natural tracer and hydrometric evidence[J]. Journal of Hydrology, 162(1-2): 47-75.

Best A C. 2010. Empirical formulae for the terminal velocity of water drops falling through the atmosphere[J]. Quarterly Journal of the Royal Meteorological Society, 76(329): 302-311.

Brown V A, McDonnell J J, Burns D A, et al. 1999. The role of event water, a rapid shallow flow component, and catchment size in summer stormflow[J]. Journal or Hydrology, 217: 171-190.

Chen Y, Deng H, Li B, et al. 2014a. Abrupt change of temperature and precipitation extremes in the arid region of northwest China[J]. Quaternary International, 336: 35-43.

Chen Y, Zhi L I, Fan Y, et al. 2014b. Research progress on the impact of climate change on water resources in the arid region of northwest China[J]. Acta Geographica Sinica, 69(9): 1295-1304.

Chen Y, Li W, Deng H, et al. 2016. Changes in central Asia's water tower: Past, present and future[J]. Scientific Reports, 22(6): 39364.

Chen Z X, Cheng J, Guo P W, et al. 2010. Distribution characters and its control factors of stable isotope in precipitation over China[J]. Transactions of Atmospheric Sciences, 6: 667-679.

Craig H. 1961. Isotopic variations in meteoric waters[J]. Science, 133(3465): 1702-1703.

Dansgaard W. 1964. Stable isotopes in precipitation[J]. Tellus, 16(4): 436-468.

Davis J C. 2002. Statistics and Data Analysis in Geology[M]. 3rd ed. New York: John Wiley & Sons.

Deng H, Chen Y. 2017. Influences of recent climate change and human activities on water storage variations in central Asia[J]. Journal of Hydrology, 544: 46-57.

Deshpande R D, Bhattacharya S K, Jani R A, et al. 2003. Distribution of oxygen and hydrogen isotopes in shallow groundwaters from Southern India: Influence of a dual monsoon system[J]. Journal of Hydrology, 271 (1-4): 226-239.

Dincer T. 1968. The use of oxygen 18 and deuterium concentrations in the water balance of lakes[J]. Water Resource Research, 4 (6): 1289-1300.

Dyurgerov M B, Meier M F. 2000. Twentieth century climate change: Evidence from small glaciers[J]. Proceedings of the National Academy of Sciences of the United States of America, 97 (4): 1406-1411.

Froehlich K, Kralik M, Papesch W, et al. 2008. Deuterium excess in precipitation of Alpine regions-moisture recycling[J]. Isotopes in Environmental & Health Studies, 44 (1): 61-70.

Gat J R, Mook W G, Meijer H A. 2001. Stable isotopes processes in the water cycle[J]. Environmental Isotopes in the Hydrological Cycle (Principles and Applications), Atmospheric Water, 3 (2): 17-40.

Gibbs R J. 1971. Mechanisms controlling world water chemistry[J]. Science, 172 (3985): 870.

Guler C, Thyne G D, McCray J E, et al. 2002. Evaluation of graphical and multivariate statistical methods for classification of water chemistry data[J]. Hydrogeology Journal, 10 (4): 455-474.

Guo L, Li L. 2015. Variation of the proportion of precipitation occurring as snow in the Tianshan Mountains, China[J]. International Journal of Climatology, 35 (7): 1379-1393.

Harrington G A, Glen R W, Andrew J L. 1999. A compartmental mixing-cell approach for the quantitative assessment of groundwater dynamics in the Otway Basin, South Australia[J]. Journal of Hydrology, 214 (1-4): 49-63.

Harris I, Jones P, Osborn T, et al. 2014. Updated high-resolution grids of monthly climatic observations: The CRU TS3. 10 Dataset[J]. International Journal of Climatology, 34: 623-642.

IAEA. 2005. Isotopic composition of precipitation in the mediterranean basin in relation to air circulation patterns and climate[S]. IAEA-TECDOC-1453. Vienna: International Atomic Energy Agency.

IPCC. 2013. The Physical Science basis[R]. Contribution of Working Group I to the Fifth Assessment Report of the Intergovernmental Panel on Climate Change, 1535.

Ji F, Wu Z, Huang J, et al. 2014. Evolution of land surface air temperature trend[J]. Nature Climate Change, 4 (6): 462-466.

Johnson K R, Ingram B L. 2004. Spatial and temporal variability in the stable isotope systematics of modern precipitation in China: Implications for paleoclimate reconstructions[J]. Earth and Planetary Science Letters, 220 (3): 365-377.

Kinzer G D, Gunn R. 1951. The evaporation, temperature and thermal relaxation-time of freely falling waterdrops [J]. Journal of Atmospheric Sciences, 8 (2): 71-83.

Kong Y L, Pang Z H, Froehlich K. 2013. Quantifying recycled moisture fraction in precipitation of an arid region using deuterium excess[J]. Tellus Series B—Chemical & Physical Meteorology, 65 (1): 388-402.

Kosaka Y, Xie S P. 2013. Recent global-warming hiatus tied to equatorial pacific surface cooling[J]. Nature, 501 (7467): 403-407.

Krabbenholf D P, Bowser C J, Anderson M P, et al. 1990. Estimating groundwater exchange with lakes, the stable isotope mass balance method[J]. Water Resource Research. 26: 2445-2453.

Kress A, Saurer M, Siegwolf R T W, et al. 2010. A 350 year drought reconstruction from Alpine tree ring stable isotopes[J]. Global Biogeochemical Cycles, 24 (2): 198-209.

Kumar U S, Kumar B, Rai S P, et al. 2010. Stable isotope ratios in precipitation and their relationship with meteorological conditions in the Kumaon Himalayas, India[J]. Journal of Hydrology, 391 (1-2): 1-8.

Lee E S, Krothe N C. 2001. A four-component mixing model for water in a karst terrain in south-central Indiana, USA. Using solute concentration and stable isotopes as tracers[J]. Chemical Geology, 179 (1): 129-143.

Li L, Bai L, Yao Y, et al. 2013. Patterns of climate change in Xinjiang projected by IPCC SRES[J]. Journal of Resources and Ecology, 4(1): 27-35.

Li Q, Chen Y. 2014. Response of spatial and temporal distribution of NDVI to hydrothermal condition variation in arid regions of northwest China during 1981-2006[J]. Journal of Glaciology & Geocryology, 36(2): 327-334.

Li Z, Feng Q, Liu W, et al. 2014. Study on the contribution of cryosphere to runoff in the cold alpine basin: A case study of Hulugou River Basin in the Qilian Mountains[J]. Global & Planetary Change, 122(345-361): 345-361.

Li Z, Chen Y, Li W, et al. 2015a. Potential impacts of climate change on vegetation dynamics in central Asia[J]. Journal of Geophysical Research: Atmospheres, 120(24): 12345-12356.

Li Z, Gao Y, Wang Y, et al. 2015b. Can monsoon moisture arrive in the Qilian Mountains in summer? [J]. Quaternary International, 358: 113-125.

Li Z, Feng Q, Wang Q J, et al. 2016a. Quantitative evaluation on the influence from cryosphere meltwater on runoff in an inland river basin of China[J]. Global & Planetary Change, 143: 189-195.

Li Z, Feng Q, Wang Q J, et al. 2016b. The influence from the shrinking cryosphere and strengthening evapotranspiration on hydrologic process in a cold basin, Qilian Mountains[J]. Global & Planetary Change, 144: 119-128.

Li Z, Feng Q, Yong S, et al. 2016c. Stable isotope composition of precipitation in the south and north slopes of Wushaoling Mountain, northwestern China[J]. Atmospheric Research, 182: 87-101.

Lisi P J, Schindler D E, Cline T J, et al. 2015. Watershed geomorphology and snowmelt control stream thermal sensitivity to air temperature[J]. Geophysical Research Letters, 42(9): 3380-3388.

Liu Z F, Tian L D, Yao T D, et al. 2008. Seasonal deuterium excess in Nagqu precipitation: Influence of moisture transport and recycling in the middle of Tibetan Plateau[J]. Environmental Geology, 55(7): 1501-1506.

Majoube M. 1971. Qxygen-18 and deuterium fractionation between water and steam(in French)[J]. Journal de Chimie Physique et de Physico-Chimie Biologique, 68: 1423-1436.

Meng X Y, Ng H, Lei X H. 2017. Hydrological modeling in the Manas River Basin using soil and water assessment tool driven by CMADS[J]. Tehnicki Vjesnik-Technical Gazette, 24(2): 525-534.

Oerlemans J. 1994. Quantifying global warming from the retreat of glaciers[J]. Science, 264(5156): 243-245.

Pang Z, Kong Y, Froehlich K, et al. 2011. Processes affecting isotopes in precipitation of an arid region[J]. Tellus Series B—Chemical and Meteorology, 63(3): 352-359.

Penna D, van Meerveld H J, Zuecco F, et al. 2016. Hydrological response of an Alpine catchment to rainfall and snowmelt events[J]. Journal of Hydrology, 537: 382-397.

Piao S, Ciais P, Huang Y, et al. 2010. The impacts of climate change on water resources and agriculture in China[J]. Nature, 467(7311): 43-51.

Putman A L, Fiorella R P, Bowen G J, et al. 2019. A global perspective on local meteoric water lines: Meta-analytic insight into fundamental controls and practical constraints[J]. Water Resources Research, 55(8): 6896-6910.

Richard S. 2008. Chinese probe unmasks high-tech adulteration with melamine[J]. Science, 320(4): 34.

Rozanski K, Araguásaraguás L, Gonfiantini R. 1992. Relation between long-term trends of oxygen-18 isotope composition of precipitation and climate[J]. Science, 258(5084): 981-985.

Smith K L, Kushner P J. 2012. Linear interference and the initiation of extratropical stratosphere-troposphere interactions [J]. Journal of Geophysical Research Atmospheres, 117(D13): 13107.

Sorg A, Bolch T, Stoffel M, et al. 2012. Climate change impacts on glaciers and runoff in Tien Shan(central Asia)[J]. Nature Climate Change, 2(10): 725-731.

Stewart M K. 1975. Stable isotope fractionation due to evaporation and isotopic exchange of falling waterdrops: Applications to atmospheric processes and evaporation of lakes[J]. Journal of Geophysical Research, 80(9): 1133-1146.

Sun C J, Chen Y N, Li W H, et al. 2016a. Isotopic time-series partitioning of streamflow components under regional climate change in the Urumqi River, northwest China[J]. Hydrological Sciences Journal, 61(8): 1443-1459.

Sun C J, Chen Y N, Li X G, et al. 2016b. Analysis on the streamflow components of the typical inland river, northwest China[J]. Hydrological Sciences Journal, 61(5): 970-981.

Sun C J, Li W H, Chen Y N, et al. 2016c. Isotopic and hydrochemical composition of runoff in the Urumqi River, Tianshan Mountains, China[J]. Environmental Earth Sciences, 74(2): 1521-1537.

Sun C J, Li X, Chen Y, et al. 2016d. Spatial and temporal characteristics of stable isotopes in the Tarim River Basin[J]. Isotopes in Environmental and Health Studies, 52(3): 281-297.

Sun C J, Yang J, Chen Y, et al. 2016e. Comparative study of streamflow components in two inland rivers in the Tianshan Mountains, northwest China[J]. Environmental Earth Sciences, 75(9): 1-14.

Sun C J, Li X, Chen Y, et al. 2017. Climate change and runoff response based on isotope analysis in an arid mountain watershed of the western Kunlun Mountains[J]. Hydrological Sciences Journal, 62(2): 319-330.

Sun C, Shen Y, Chen Y, et al. 2018. Quantitative evaluation of the rainfall influence on streamflow in an inland mountainous river basin within central Asia[J]. Hydrological Sciences Journal, 63(1): 17-30.

Sun C J, Chen Y N, Li J, et al. 2019. Stable isotope variations in precipitation in the northwesternmost Tibetan Plateau related to various meteorological controlling factors[J]. Atmospheric Research, 227: 66-78.

Tian L, Yao T, MacClune K, et al. 2007. Stable isotopic variations in west China: A consideration of moisture sources[J]. Journal of Geophysical Research Atmospheres, 112(D10): 1-12.

Vodila G, Palcsu L, Futo I, et al. 2011. A 9-year record of stable isotope ratios of precipitation in Eastern Hungary: Implications on isotope hydrology and regional palaeoclimatology[J]. Journal of Hydrology, 400(1-2): 144-153.

Wang S, Zhang M, Li Z, et al. 2011. Glacier area variation and climate change in the Chinese Tianshan Mountains since 1960[J]. Journal of Geographical Sciences, 21(2): 263-273.

Wang S, Zhang M, Chen F, et al. 2015. Comparison of GCM-simulated isotopic compositions of precipitation in arid central Asia[J]. Journal of Geographical Sciences, 25(7): 771-783.

Wang S, Zhang M, Che Y, et al. 2016a. Contribution of recycled moisture to precipitation in oases of arid central Asia: A stable isotope approach[J]. Water Resources Research, 52(4): 3246-3257.

Wang S, Zhang M, Che Y, et al. 2016b. Influence of below-cloud evaporation on deuterium excess in precipitation of arid central asia and its meteorological controls[J]. Journal of Hydrometeorology, 17(7): 1973-1984.

Wang S, Zhang M, Hughes C E, et al. 2016c. Factors controlling stable isotope composition of precipitation in arid conditions: An observation network in the Tianshan Mountains, central Asia[J]. Tellus Series B—Chemical & Physical Meteorology, 68(sup1): 289-299.

Wang Y F, Shen Y J, Chen Y N, et al. 2013. Vegetation dynamics and their response to hydroclimatic factors in the Tarim River Basin, China[J]. Ecohydrology, 6(6): 927-936.

Weyhenmeyer C E, Burns S J, Waber H N, et al. 2002. Isotope study of moisture sources, recharge areas, and groundwater flow paths within the eastern Batinah coastal plain, Sultanate of Oman[J]. Water Resources Research, 38(10): 2-1-2-22.

Winkler M G, Wang P K. 1993. The Late-Quaternary Vegetation and Climate of China, in Global Climates Since the Last Glacial Maximum[M]. Twin Cities: University of Minnesota Press: 221-264.

Worden J, Noone D, Bowman K. 2007. Importance of rain evaporation and continental convection in the tropical water cycle[J]. Nature, 445 (7127) : 528-532.

Wu J K, Ding Y, Ye B, et al. 2010. Spatio-temporal variation of stable isotopes in precipitation in the Heihe River Basin, northwestern China[J]. Environmental Earth Sciences, 61 (6) : 1123-1134.

Zajíček A, Kvítek T, Pomije T. 2014. Separation of drainage runoff during rainfall-runoff episodes using the stable isotope method and drainage water temperature[C]//EGU General Assembly, Vienna.

Zarei H, Akhondali A M, Mohammadzadeh H, et al. 2014. Runoff generation processes during the wet-up phase in a semi-arid basin in Iran[J]. Hydrology and Earth System Sciences Discussions, 11 (4) : 3787-3810.

Zhang M, Wang S. 2016. A review of precipitation isotope studies in China: Basic pattern and hydrological process[J]. Journal of Geographical Sciences, 26 (7) : 921-938.

Zhao X, Tan K, Zhao S, et al. 2011. Changing climate affects vegetation growth in the arid region of the northwestern China[J]. Journal of Arid Environments, 75 (10) : 946-952.